Kritische Beiträge zur Energetik

von

Dr. Theodor Gross.

II.

Hermann von Helmholtz
und
die Erhaltung der Energie.

Berlin W.
Verlag von M. KRAYN.
1902.

Vorwort.

In dem vorliegenden zweiten Hefte der »Kritischen Beiträge zur Energetik« wird untersucht, was Hermann von Helmholtz über die Erhaltung der Energie lehrt, wobei der Verfasser Gelegenheit nimmt, über einzelne wichtige Fragen der Energetik seine eigene Meinung zu entwickeln.

Der erste Teil der Schrift, in dem die Abhandlung »Ueber die Erhaltung der Kraft« unter Berücksichtigung der »Vorträge und Reden« besprochen wird, ist eine durch einige Zusätze vermehrte Sonderausgabe aus des Verfassers »Robert Mayer und Hermann von Helmholtz«[1]), die veranstaltet wurde, um Wünschen aus dem Leserkreise entgegenzukommen.

Der zweite Teil, der die späteren, in näherer Beziehung zur Energetik stehenden Arbeiten von Helmholtz behandelt, ist als Ganzes neu, einzelne Stücke desselben sind jedoch aus bereits veröffentlichten Aufsätzen des Verfassers, neu bearbeitet, entnommen.

Das Urteil über die energetischen Leistungen von Helmholtz, das sich in dem Folgenden ergiebt, weicht sehr von deren in der Schule als Dogma geltenden Verherrlichung ab. Uebereifrige Anhänger des verstorbenen Physikers werden daher wiederum der Kritik des Verfassers unwissenschaftliche, persönliche Beweggründe unterzulegen suchen, wie sie das bereits nach dem Erscheinen seiner oben erwähnten Schrift gethan haben.

Eine solche Verdächtigung würde aber ebenso unwahr wie nichtig sein. Denn der Verfasser hat seine Kritik weder aus persönlicher Feindseligkeit gegen Helmholtz, noch aus Lust an der Polemik unternommen, sondern weil seine

---

1) M. Krayn, Berlin, 1898.

eigenen positiven Untersuchungen es ihm nothwendig machten, über die energetischen Lehren von Helmholtz zu einem bestimmten Urteile zu gelangen: er musste feststellen, ob sie ein geeignetes Fundament für den Aufbau der Energetik geben oder nicht, und sie ungeprüft anzunehmen, wäre ebenso unwissenschaftlich gewesen, wie sie ungeprüft zu verwerfen.

Er hätte auch auf die Veröffentlichung seiner Kritik verzichtet, wenn sie nicht zur Rechtfertigung seines eigenen abweichenden Standpunktes notwendig gewesen wäre, und wenn er nicht die Ueberzeugung hätte, dass das von Helmholtz in der Energetik befolgte Verfahren auf die Entwickelung der Wissenschaft den schädlichsten Einfluss hat.

Der Verfasser bekämpft also nicht eine Person, sondern eine verderbliche wissenschaftliche Richtung in ihrem einflussreichsten Vertreter.

Ferner hängt auch der Wert einer wissenschaftlichen Kritik nicht von den Motiven ab, aus denen sie hervorgeht, sondern von der Art ihrer Durchführung. Eine durch Hass veranlasste sorgfältige Kritik, die keinen Fehler durchlässt, ist der Wissenschaft nützlich; oberflächliche Lobpreisungen sind ihr schädlich, mögen ihre Motive sein, welche sie wollen.

Der Verfasser giebt nun für sein Urteil in jedem einzelnen Falle eine Begründung, die jeder sachkundige Leser prüfen kann; ist seine Begründung richtig, so ist auch sein Urteil berechtigt, gleichgültig, welche Motive ihn zu seiner Untersuchung bewogen.

Man sollte daher lieber versuchen, ihn zu widerlegen, statt ihn zu verdächtigen.

Manchen Lesern wird vielleicht die Sprache der Kritik zuweilen zu scharf erscheinen; sie werden dem Verfasser vorhalten, dass er seine Meinung, selbst wenn sie richtig sein sollte, in einer verbindlicheren Form hätte aussprechen können.

Ihnen kann er antworten, dass er sich bemüht hat, stets den sachgemässesten Ausdruck zu wählen; wurde dieser scharf, so ist nicht er daran Schuld, sondern die Beschaffenheit der besprochenen Schriften. Ueber deren Wert aber aus irgend welchen Rücksichten durch abschwächende, verschleiernde Phrasen zu täuschen, das musste er für durchaus unzulässig halten.

Denn die Schule sucht Helmholtz in der Energetik zu einer Stellung zu erheben, auf die er ganz und gar keinen Anspruch machen kann, und zu diesem Zwecke beschränkt man sich nicht darauf, das etwa wirklich vorhandene Gute seiner energetischen Bemühungen mit Uebertreibung hervorzuheben, was noch zu entschuldigen und zu dulden wäre, sondern man schreibt, mit Zurückdrängung des rechtmässigen Besitzers, fremdes Eigenthum auf seinen Namen, und an die Stelle kritischer Erörterung tritt phrasenhafte Reklame, was alles Helmholtz, solange er lebte, sich sehr wohl gefallen liess, so dass auch die späteren derartigen Bestrebungen als durchaus seinem Sinne entsprechend anzusehen sind.

An Belegen hierfür ist kein Mangel.

Allgemein bekannt ist jenes bedauerliche Telegramm, durch das Helmholtz ohne seinen Einspruch von seinen Verehrern zum »Vater des Prinzips von der Erhaltung der Kraft« ernannt wurde[1], und auch sonst liess er sich wiederholt als denjenigen anpreisen, der jenes Prinzip »gegeben«, der es »klargelegt« habe[2]; obwohl er doch weder das Prinzip der Erhaltung der Energie, noch das mechanische Wärmeäquivalent »gegeben« hat, und letzteres zur Aufstellung und Klarlegung des ersteren ganz unerlässlich ist.

Wie sich die Annahme solcher Rauchopfer mit seiner angeblichen Anerkennung R. Mayer's verträgt, hat er niemals klargelegt, auch scheint ihm ganz die Komik entgangen zu sein, die darin liegt, dass solche Rühmungen z. T. von einer Seite ausgingen, die der mathematischen Physik ganz fern steht, während doch, wenn er überhaupt Ansprüche auf die Erhaltung der Energie hat, diese sich auf entlegene und nichts weniger als populäre Gebiete der Theorie beziehen müssten.

---

[1]) Naturforscher-Versammlung von 1886.

[2]) Adresse der physiologischen Gesellschaft zu Berlin zum 70. Geburtstage von Helmholtz. Rede des Staatsministers Delbrück bei der Gedächtnissfeier für Siemens. M. vergl. »Kleinere Schriften und Briefe« von R. Mayer, herausgegeb. von J. Weyrauch, Stuttgart, Cotta 1893, S. 442 a. E.

Ganz im Sinne jener Kundgebungen gehalten ist auch der Aufsatz über »Hermann von Helmholtz« im dritten Bande von dessen »Wissenschaftlichen Abhandlungen«[1]).

Wir vernehmen dort, dass Helmholtz »durch die Aufstellung des Prinzips der Erhaltung der Kraft« und die »sich daran schliessenden Arbeiten« »unbedingt der erste Physiker Deutschlands« geworden ist[2]). Wenn aber seine Ansprüche auf den ersten Platz keine anderen als die genannten Unterlagen haben, so schweben sie in der That in der Luft: denn die Behauptung, dass er jenes Prinzip aufgestellt hat, die doch in dem Sinne verstanden werden muss, dass er es zuerst aufgestellt hat, weil sie sonst ohne Sinn ist: diese Behauptung ist positiv unwahr, und dann stehen doch, um nur einen Namen zu nennen, z. B. die Arbeiten eines F. Neumann hoch über seinem Dilettantismus, der kein Problem der Energetik erschöpfend zu behandeln und für keines eine auch nur vorläufige Lösung zu finden wusste.

Der ganze Aufsatz ist überhaupt nichts als ein Konglomerat lobhudelnder Phrasen, und man möchte staunen, dass so etwas in ein Werk Aufnahme fand, das doch auf höchste Wissenschaftlichkeit Anspruch macht, wenn man nicht durch frühere Vorgänge auf derartiges genügend vorbereitet wäre.

Womöglich noch überboten wird aber diese Leistung durch eine akademische Festrede[3]).

Der Redner nennt darin schlechtweg die Erhaltung der Energie eine »grosse Entdeckung von Helmholtz«[4].) Also nun lautet der Titel von Helmholtz nicht mehr »Vater«, sondern wirklicher Entdecker des Prinzips von der Erhaltung der Kraft. Das ist wenigstens offen und bestimmt; bei dem Titel Vater konnte man ja auch an einen Stiefvater denken.

Diese Entdeckung der Entdeckung von Helmholtz ist in der That ebenso gross wie die letztere selbst; aber der Festredner begnügt sich nicht damit, sondern weiss noch eine

---

[1]) Leipzig, Barth 1895.

[2]) a. a. O. S. XXIV.

[3]) »Hermann von Helmholtz's Untersuchungen« u. s. w. von L. Koenigsberger. Leipzig, Teubner, 1896.

[4]) a. a. O. S. 16, Z. 3 v. o.

zweite Entdeckung zu machen: er hat nämlich auch gefunden, dass Helmholtz das genannte Prinzip »experimentell prüfen« konnte[1]).

Hiernach scheint der Festredner wirklich seltsame Vorstellungen von einer experimentellen Prüfung zu haben. Wir verstehen darunter eine Prüfung durch bestimmte Versuche, die von dem Forscher selbst oder von anderen wirklich ausgeführt sind, und die im vorliegenden Falle messend sein müssten. Eine solche experimentelle Prüfung der Erhaltung der Energie geben z. B. Mayer's Bestimmung des mechanischen Wärmeäquivalentes aus der Differenz der spezifischen Wärmen der Gase und auch die Versuche Joule's, die in ihren Voraussetzungen allerdings weit unklarer als jene sind[2]).

Der Festredner scheint dagegen unter einer experimentellen Prüfung den Versuch zu verstehen, den allgemeinen Zusammenhang thatsächlicher Verhältnisse durch »unbestimmt allgemeine« Vermuthungen aufzuhellen; denn zu Weiterem kommt es in der Abhandlung »Ueber die Erhaltung der Kraft« nicht, und konnte es auch nicht kommen, da Helmholtz das mechanische Wärmeäquivalent nicht hatte, ohne das eine experimentelle Prüfung der Erhaltung der Energie ganz unmöglich ist.

Er durfte also nur sagen, dass Helmholtz in seiner genannten Abhandlung zur experimentellen Prüfung der von ihm als Hypothese aufgestellten Erhaltung der Energie anregte, dass er sie aber nirgends durchzuführen vermochte.

Das sind ein paar Beispiele der Bemühungen, durch die der Name Helmholtz vor die Energetik gesetzt werden soll; leicht liesse sich noch Weiteres anführen, doch es ist überflüssig; denn man liest in den Lobschriften auf Helmholtz stets dieselben Behauptungen, die auch stets blosse Behauptungen bleiben. Nirgends versuchen die Lobredner eine wirkliche kritische Analyse der angepriesenen Arbeiten, sondern sie schildern sozusagen einen idealen Helmholtz, der alles das erreicht hat, was der reale Helmholtz erreichen wollte, der aber von letzterem allzusehr verschieden ist.

Dass die Verehrer von Helmholtz stets gerade dessen

---

[1]) a. a. O. S. 19 Z. 16 v. o.

[2]) Man vergleiche diese »Beiträge«, I, S. 37 ff.

energetische Arbeiten über alles erheben, könnte auf den ersten Blick seltsam erscheinen und mit der Sachlage nicht vertraute Leser zu der Frage veranlassen, ob denn der berühmte Physiker nicht in anderen Gebieten weniger zweifelhafte Leistungen aufzuweisen hat?

Der Grund für die besondere Hervorhebung seiner energetischen Arbeiten ist jedoch leicht ersichtlich. Alles andere nämlich, was Helmholtz geschrieben hat, kann ihm nur Anspruch auf den Namen eines Talentes geben, seine angeblichen energetischen Thaten dagegen würden ihn, wenn er sie wirklich gethan hätte, zu einem bahnbrechenden Denker machen; deshalb werden mit völliger Entstellung des wahren Sachverhaltes über sie Legenden verbreitet, die in dem noch dunkelen, unentwickelten und fragmentarischen Zustand der Energetik die Bedingungen ihres Gedeihens finden.

Solche Bestrebungen, mögen sie nun in gutem Glauben geschehen oder nicht, sind aber in jedem Falle eine ernstliche Gefährdung der Wissenschaft und fordern eine deutliche Zurückweisung. Wer sie durch eine unumwundene Kritik der angepriesenen Schriften beantwortet, unternimmt daher nicht einen muthwilligen Angriff, sondern er vertheidigt nur die Freiheit sachlicher Forschung gegen parteiliche Befangenheit: er befindet sich im Stande der Nothwehr.

Der Leser also, der daran Anstoss nimmt, dass im Folgenden ohne Umschweife das Verkehrte als verkehrt, das Verworrene als verworren bezeichnet ist, möge das Aergerniss nicht dem Verfasser, sondern denjenigen zur Last legen, deren Verhalten eine entschiedene Abwehr unvermeidlich macht. Wie auch der Evangelist sagt:

»Es ist unmöglich, dass nicht Aergernisse kommen, wehe aber dem, durch welchen sie kommen.«

Th. Gross.

Inhalts-Uebersicht.

Ueber die Erhaltung der Kraft.

Eine physikalische Abhandlung

von

Hermann von Helmholtz.

Vorbemerkung.

Einleitung.

Das Prinzip von der Erhaltung der lebendigen Kraft.

Das Prinzip von der Erhaltung der Kraft.

Die Erhaltung der Energie

in den

späteren Schriften

von

H. von Helmholtz.

Elektrodynamik.

Die Formel von H. v. Helmholtz. — Seine Kritik von Weber's Gesetz.

Galvanismus.

»Ueber die galvanische Polarisation in gasfreien Flüssigkeiten.« Wasserzersetzung durch 1 D. — Versuche. — Angebliche kondensatorische Ladung des Voltameters. — Convection.

Thermodynamik.

»Die Thermodynamik chemischer Vorgänge.« Unzulänglichkeit der thermochemischen Theorien. — Versuchte Unterscheidung unvollständig und vollständig verwandelbarer Energie. — Die chemische Energie. — Richtung freiwilliger chemischer Vorgänge. — Hineinziehen nicht umkehrbarer Vorgänge. — Schwache galvanische Ströme: sie sind nicht thermodynamisch umkehrbar. — Die sekundäre Wärme. — Allgemeine analytische Darstellung der »freien« und »gebundenen« Energie. — Die Natur der Wärme. »Zur Thermodynamik chemischer Vorgänge«. Experimentelle Prüfung der Theorie: chemische Vorgänge in Concentrations-Strömen. — Spezialisirung der allgemeinen Formeln. — Berechnung der Versuche. »Zur Thermodynamik chemischer Vorgänge III«. Die »freie Energie« des Knallgases. — Arbeitsleistung bei der Wasserzersetzung. »Weitere Untersuchungen, die Elektrolyse des Wassers betreffend«. Versuche über die untere Grenze der elektromotorischen Kraft. »Studien zur Statik monocyklischer Systeme«. Beschränkung der Erörterung. — Die Prinzipien. — Recapitulation thermodynamischer Formeln. — Formeln für die monocyklischen Systeme. — Allgemeine Folgerung aus der Energieverwandlung. — Isomore Koppelung. — Beispiele. — Die Natur der Wärme. — Zusammenstellung der allgemeinen Aussagen über die Energie. »Ueber die physikalische Bedeutung des Prinzips der kleinsten Wirkung«. Die Aufgabe, die sich v. Helmholtz stellt. — Zusammenhang zwischen dem Prinzip der Erhaltung der Energie und dem der lebendigen Kraft. — Zusammenhang zwischen dem Prinzip der Erhaltung der Energie und dem der kleinsten Wirkung.

Berichtigungen.

Seite 85 Zeile 13 von oben ist zu lesen: unabhängig statt abhängig.

Seite 103 Zeile 4 von unten ist zu lesen: des Wärmeäquivalentes der Arbeit statt des mechanischen Wärmeäquivalentes.

Seite 106 Zeile 2 von unten ist zu lesen: gleichwertige statt gleichartige.

Seite 109 Zeile 15 von oben ist zu lesen: unter der der statt unter der.

Seite 132 Zeile 1 von oben ist zu lesen: widersprechen den statt widersprechenden.

Seite 134 Zeile 2 von oben ist zu lesen: Aufgabe statt Aufgaben.

Seite 158 Zeile 16 von oben ist zu lesen: ähnlich statt gleich.

Seite 165 Zeile 8 von unten ist zu lesen: der »freien« und »gebundenen« statt der »freien«.

Seite 175 Zeile 16 von oben ist zu lesen: äussere statt äusserliche.

Seite 198 Zeile 16 von oben ist zu lesen: für die übrigen statt die übrigen für.

Seite 228 Zeile 12 von oben ist zu lesen: sich statt nicht.

Seite 230 Zeile 11 von oben ist zu lesen: $\frac{dp}{d\vartheta} d\vartheta$ statt $\frac{dp}{d\vartheta}\mathfrak{D}$.

Allgemein ist anzumerken, dass Hervorhebungen durch Kursivdruck in den Citaten vom Verfasser herrühren.

Ueber die Erhaltung der Kraft.

Eine physikalische Abhandlung

von

H. von Helmholtz.

Vorbemerkung.

»Bericht über die Theorie der physiologischen Wärmeerscheinungen« u. s. w.

In dem im Jahre 1847 erschienenen »Bericht über die Theorie der physiologischen Wärmeerscheinungen für 1845«[1]) berührt H. von Helmholtz zum ersten Mal in seinen Schriften das »Prinzip von der Konstanz des Kraftäquivalentes«.[2]) Er bemerkt darüber zunächst allgemein, dass es zwar logisch gerechtfertigt und auch schon als theoretische Grundlage benutzt, aber noch niemals vollständig ausgesprochen und durchgeführt sei und betrachtet dann kurz dessen Durchführbarkeit in der Physik und Physiologie.

Für Wärme und mechanische Vorgänge findet er die empirischen Daten nicht ausreichend.

Für die chemischen Vorgänge hebt er die Unabhängigkeit der chemischen Wärme von den Zwischenstufen des Vorganges hervor.

In den galvanischen Ketten soll die chemische Wärme gleich der Stromwärme sein.

Für die statische Elektrizität setzt er die entwickelte Wärme gleich dem Produkt aus Quantität mal Dichte der Elektrizität.

Bezüglich der thierischen Wärme behauptet er, dass die freie plus der latenten Wärme der Egesta gleich der latenten Wärme der Ingesta sei, unabhängig vom Wege der Ueberführung, wobei er unter latenter Wärme die chemische Energie und unter Egesta nur chemische Verbindungen, nicht Arbeit, versteht.

---

[1]) Helmholtz, Wissenschaftliche Abhandlungen I. Leipzig, J. A. Barth, 1882, S. 3 ff.

Auf diese Sammlung beziehen sich, wenn nichts anderes angegeben wird, alle angeführten Seitenzahlen.

[2]) a. a. O. S. 6.

Das Ganze stellt sich hiernach als eine Skizze der Abhandlung über die Erhaltung der Kraft dar, und wir werden weiter unten Gelegenheit haben, auf die einzelnen physikalischen Fragen genauer einzugehen; hier sei nur soviel bemerkt.

Neues und Richtiges über die Erhaltung der Energie enthalten die Aeusserungen von Helmholtz so gut wie nichts; denn die Behauptungen über die galvanische und thierische Wärme sind durchaus falsch; das mechanische Wärmeäquivalent fehlt vollständig.

Dagegen ist in R. Mayers Abhandlung über »Die organische Bewegung« u. s. w., die bereits 1845 erschienen war, das mechanische Wärmeäquivalent nach der genialsten Methode bestimmt; es findet sich darin eine klare Einsicht in den Zusammenhang zwischen Wärme und Arbeit im Organismus, von der aus er bekanntlich zur Entdeckung des Prinzips der Kraftverwandlung gelangt war, und es findet sich darin auch ausserdem noch eine Anzahl der wertvollsten Ideen.

Das alles hinderte jedoch von Helmholtz nicht, über diese Abhandlung im Jahre 1850 zu berichten, dass er sie nur *„der Vollständigkeit wegen"* erwähne, dass sie *„Zusammenstellungen der bekannten Fakta"* enthalte *„im wesentlichen von demselben Gesichtspunkte aus angesehen, wie es der Referent im Jahresbericht für 1845 gethan"*.[1])

Ein zweites ebenso unwahres Referat über eine fundamentale Arbeit dürfte in der Geschichte der Physik nicht aufzufinden sein. Aus welchen Motiven es entstand, wollen wir hier nicht untersuchen[2]); jedenfalls aber muss man sagen, dass Helmholtz es abfasste, und dass er in einem Menschenalter, so oft er R. Mayer erwähnte, niemals Gelegenheit nahm, es zu widerrufen; das sind Thatsachen, die ihm wenig Ehre machen.

Wir wenden uns jetzt zu der Erörterung der Abhandlung »Ueber die Erhaltung der Kraft«.

---

[1]) Fortschritte der Physik im Jahre 1847, ausgegeben 1850.

[2]) Man vergleiche hierüber des Verfassers Schrift über R. Mayer und H. von Helmholtz, Berlin, M. Krayn, 1898, S. 146 ff.

Einleitung.[1]

Gründe zur Erörterung der Einleitung und Beschränkung der ersteren. — Wege zur Begründung der Erhaltung der Energie und letztes Ziel der Naturwissenschaft nach von Helmholtz. — Letzte Ursachen. — Materie: »Materie an sich.« — Masse. Chemische Elemente. — Spätere Auffassung der Kausalität bei von Helmholtz. — Bewegung. — Punktkräfte. — Fernkräfte als letzte Ursachen. — Rückblick.

In einem späteren Zusatze schreibt von Helmholtz:

> »Die philosophischen Erörterungen der Einleitung sind durch Kant's erkenntniss-theoretische Ansichten stärker beeinflusst, als ich jetzt noch als richtig anerkennen möchte.«[2])

Trotz ihrer dadurch ausgesprochenen bedingten Zurücknahme müssen wir jedoch auf diese angeblich philosophischen Erörterungen hier genauer eingehen; denn da sie von Helmholtz in der Sammlung seiner Abhandlungen wieder hat abdrucken lassen, musste er selbst sie doch noch für lesenswerth halten, und es giebt ja auch Physiker, die darin eine logische Ableitung der Erhaltung der Energie zu finden glauben. Ueberdies hängen sie, wie wir sehen werden, mit seinen späteren logischen Aeusserungen eng zusammen.

Ich werde mich jedoch darauf beschränken, die Ausführungen des Autors kritisch zu prüfen, ohne einen

---

1) S. 12—17.

2) S. 68, Zusätze 1.

bestimmten Standpunkt in der Erkenntnisstheorie geltend zu machen.[1])

Von Helmholtz geht von der Behauptung aus, die in seiner Abhandlung aufgestellten Sätze, d. h. also die Erhaltung der Energie, könnten von zwei Ausgangspunkten hergeleitet werden, nämlich

> »entweder von dem Satze, dass es nicht möglich sein könne, durch die Wirkung irgend einer Kombination von Naturkörpern auf einander in das Unbegrenzte Arbeitskraft zu gewinnen, oder von der Annahme, dass alle Wirkungen in der Natur zurückzuführen seien auf anziehende und abstossende Kräfte, deren Intensität nur von der Entfernung der auf einander wirkenden Punkte abhängt«.[2])

Beide Sätze sind nach ihm identisch, wofür er am Anfange seiner Abhandlung selbst einen Beweis gegeben haben will. Wir nehmen von dieser Behauptung vorläufig Kenntniss, bis wir zu der Stelle gelangt sind, wo der in Aussicht stehende Beweis sich finden soll.

Diese Sätze haben indessen, so fährt er dann fort,

> »noch eine wesentlichere Bedeutung für den letzten und eigentlichen Zweck der physikalischen Naturwissenschaften überhaupt, welchen ich in dieser abgesonderten Einleitung darzulegen versuchen werde.«

Statt Zweck wollte er wohl sagen Ziel: also wir wollen das letzte Ziel der Physik kennen lernen. Das ist ein sehr hohes Versprechen; es ist sogar so hoch, dass man an seiner Erfüllung zweifeln muss.

Denn sollte es wohl möglich sein, schon jetzt das letzte Ziel der Physik zu erkennen? Hat es überhaupt einen Sinn, von ihrem letzten Ziele zu sprechen? Ich denke, je weiter wir in der Wissenschaft vordringen, desto weitere Ausblicke eröffnen

---

[1]) In meiner obengenannten Schrift »Ueber den Beweis des Prinzips von der Erhaltung der Energie« habe ich die »Einleitung« ebenfalls bereits kurz erörtert. Die Zurückhaltung, die ich mir dabei auferlegte, ist jedoch von mancher Seite zu ihren Gunsten ausgelegt worden, wodurch ich mich zu einer bestimmteren Aussprache meiner Meinung über sie genöthigt sehe.

[2]) S. 12.

sich; wir dürfen daher das letzte Ziel jedenfalls nur in sehr bedingtem Sinne verstehen.

Freilich, was uns der Autor nun darüber mittheilt, kann auch den beschränktesten Anforderungen nicht genügen. Er schreibt:

> »Aufgabe der genannten Wissenschaften ist es, einmal die *Gesetze* zu suchen, durch welche die einzelnen Vorgänge in der Natur auf *allgemeine Regeln* zurückgeleitet und aus den letzteren wieder bestimmt werden können. *Diese Regeln,* z. B. *das Gesetz* der Brechung oder Zurückwerfung des Lichts, das von Mariotte und Gay Lussac sind offenbar nichts als allgemeine Gattungsbegriffe, durch welche sämmtliche dahin gehörige Erscheinungen umfasst werden.« [1])

Also erstens: wir sollen *Gesetze* aufsuchen, um die Naturvorgänge auf *allgemeine Regeln* zurückzuführen!

Und zweitens: diese *Regeln* sind nichts anderes als *Gesetze;* denn als Beispiele von *Regeln* werden die *Gesetze* von Mariotte u. s. w. genannt.

Diese Aufgabe der Physik ist somit nach von Helmholtz *Gesetze zu suchen, durch die die Naturvorgänge auf Gesetze zurückgeführt werden.*

Ueber den objektiven Werth dieser Bestimmung ist jedes Wort überflüssig; sie ist aber von Wichtigkeit, zur Beurtheilung des Vermögens unseres Autors mit Begriffen zu operieren. Was er sagt, ist wörtlich genommen, reiner Unsinn, und wenn wir uns noch so sehr bemühen, seine verworrenen Worte zu deuten, so erhalten wir doch keinen anderen Sinn als den folgenden:

Es ist die Aufgabe der Physik, die Naturvorgänge auf allgemeine Gesetze oder Regeln zurückzuführen, die nichts anderes als Gattungsbegriffe sind.

Und diesen auch zu der Zeit, da er schrieb, nicht neuen Satz vermochte von Helmholtz nicht ohne die absonderlichste logische Verrenkung vorzubringen!

---

[1]) a. a. O. S. 13.

Nachdem er dann noch die vorstehend formulierte Aufgabe im Besonderen der experimentellen Wissenschaft zugewiesen hat, wendet er sich zu dem theoretischen Theile der Physik. Letzterer sucht nach ihm

> »die unbekannten Ursachen der Vorgänge aus ihren sichtbaren Wirkungen zu finden; er sucht dieselben zu begreifen nach dem Gesetze der Kausalität.« [1])

Hierin fällt zunächst wiederum eine Nachlässigkeit des Ausdruckes auf: statt »sichtbaren« müsste es offenbar heissen »wahrnehmbaren«.

Also einfach, die theoretische Physik sucht die Kausalität der Naturvorgänge zu bestimmen. Die Berechtigung »zu diesem Geschäfte« erklärt er aus dem Grundsatze, »dass jede Veränderung in der Natur eine zureichende Ursache haben müsse«.

Er fährt dann fort:

> »Die nächsten Ursachen, welche wir den Naturerscheinungen unterlegen, können selbst unveränderlich sein oder veränderlich; im letzteren Falle nöthigt uns derselbe Grundsatz (d. h. das Kausalgesetz. G.) nach anderen Ursachen wiederum dieser Veränderung zu suchen, und so fort, bis wir zuletzt zu letzten Ursachen gekommen sind, welche nach einem unveränderlichen Gesetze wirken, welche folglich zu jeder Zeit unter denselben äusseren Verhältnissen dieselbe Wirkung hervorbringen.« [2])

Diese Schlussfolgerung ist doch allzu naiv! Als ob die Kette von Ursachen und Wirkungen nicht unendlich sein könnte. Eine solche Möglichkeit kommt aber dem Autor gar nicht in den Sinn.

Ganz unklar ist auch die Einführung der »äusseren Verhältnisse« *neben* den letzten Ursachen. Von diesen nicht definirten, ganz unbestimmten Verhältnissen soll die Wirkung der letzten Ursachen abhängen! Denn der Satz, dass letztere unter denselben äusseren Verhältnissen dieselben Wirkungen hervorbringen, ist doch so zu verstehen, dass

---

[1]) S. 13. Z. 10 v. o. ff. Den späteren Zusatz werde ich weiter unten erörtern.

[2]) S. 13.

sie unter verschiedenen äusseren Verhältnissen verschieden wirken: aber die »äusseren Verhältnisse« müssten doch wie alles andere von den letzten Ursachen abhängen.

Was von Helmholtz hier über die letzten Ursachen sagt, ist also ganz unzulänglich. Weiter unten wird sich Anlass finden, auf das Problem nochmals zurückzukommen.

Nach der Kausalität unternimmt es von Helmholtz den Begriff der Materie zu untersuchen, worüber er Nachstehendes schreibt.

> »Die Wissenschaft betrachtet die Gegenstände der Aussenwelt nach zweierlei Abstraktionen: einmal ihrem blossen Dasein nach, abgesehen von ihren Wirkungen auf andere Gegenstände oder unsere Sinnesorgane; als solche bezeichnet sie dieselben als Materie. *Das Dasein der Materie an sich ist* uns also *ein ruhiges, wirkungsloses;* wir unterscheiden an ihr die räumliche Vertheilung und die Quantität (Masse), welche als ewig unveränderlich gesetzt wird.« [1])

Hiernach bemerkt er, dass Qualitäten Kräfte sind, wir daher der »Materie an sich« keine Qualitäten zuschreiben dürfen, und schliesst seine Ausführungen über sie mit folgendem Satze:

> »*Die Materie an sich kann* deshalb auch *keine andere Veränderung eingehen als* eine räumliche d. h. *Bewegung.*« [2])

Gegen diese Auslassungen ist allerdings viel einzuwenden.

Um mit dem Geringsten zu beginnen: die Ausdrucksweise unseres Autors ist auch hier wiederum äusserst ungeschickt. Er bezeichnet seine »Materie an sich« als eine Abstraktion und spricht doch von ihrem Dasein: also ein Abstraktum hat nach ihm Dasein!

Doch dieser Fehler liesse sich allenfalls beseitigen; ganz unheilbar ist aber der folgende Unsinn.

---

1) S. 14, Z. 1 v. o. ff.
2) S. 14, Z. 12 v. o. ff.

Nach dem ersten vorstehend angeführten Absatze ist »das Dasein der Materie an sich« ein »ruhiges, wirkungsloses«.

Diese Bestimmung kann doch keinen anderen Sinn haben, als den, dass von der »Materie an sich« mit logischer Nothwendigkeit Bewegung und Wirkung ausgeschlossen sind.

Doch gleich darauf, in dem zweiten Absatze, lesen wir, die Materie an sich kann sich bewegen!

Aber eine bewegte Masse ist doch nicht ruhig und ist auch nicht wirkungslos; denn sie besitzt lebendige Kraft, die immer wirkt: oder die Masse müsste sich in einem absolut leeren Raum bewegen, der wenigstens bei irdischen Bewegungen nie vorhanden ist. Räumliche Vertheilung und Bewegung sind doch auch nicht an der »Materie an sich«, sondern an der wirkenden Erscheinung zu unterscheiden.

So verworrene Behauptungen wie die vorstehend erörterten unseres Autors beweisen dessen Unfähigkeit, mit Begriffen zu operieren, die immer deutlicher hervortritt, je weiter wir seine Ausführungen verfolgen.

Er bezeichnet als »Materie an sich« dasjenige, was von der konkreten Masse übrig bleibt, wenn man vollständig von ihren Wirkungen absieht. Soweit würde also seine »Materie an sich« mit Kant's »Ding an sich« übereinstimmen: sie wäre das unbekannte Etwas, dessen Sein nicht einmal behauptet werden kann; da wir eben die Materie nur kennen, insofern sie erscheint, d. h. auf unsere Sinne wirkt.

Demgemäss schreibt auch von Helmholtz dass wir die Materie nur durch ihre Kräfte oder Wirkungen »nie an sich selbst wahrnehmen«.[1])

Gleichwohl glaubt er aber über seine »Materie an sich« ganz bestimmte Angaben machen zu können; indem er, wie wir oben sahen, an ihr räumliche Vertheilung und Quantität oder Masse unterscheidet, und ihr auch Bewegung zuschreibt: er identifiziert sie demnach mit der Masse der Mechanik.

Das ist vollständiger Widersinn.

Der mechanische Begriff der Masse ist ein Abstraktum, das sich auf die erscheinende Materie bezieht; die Materie an sich ist weder ein derartiges Abstraktum noch ein Konkretum.

---

[1]) S. 14, Z. 5 v. u.

Sie ist kein Konkretum; denn Konkreta sind Erscheinungen; sie ist kein auf die Erscheinung sich beziehendes Abstraktum; denn ziehen wir alle Sinneswahrnehmungen von der Materie ab, so schliessen wir damit auch alle solche Begriffe von ihr aus, die sich auf Sinneswahrnehmungen beziehen.

Dagegen bezieht sich die Masse auf die erscheinende Materie. Denn erstens sind das Gewicht und die Beschleunigung g Abstrakta, die den wahrgenommenen Körpern zukommen. Bezeichnen wir nun die Grösse der Masse mit M und die des Gewichtes mit Q, so ist $M = \frac{Q}{g}$ eine Funktion von Q und g und bezieht sich somit wie diese auf die Erscheinung. Ferner kommt ein und derselbe Werth von M einer beliebigen Anzahl von Körpern zu, deren Gewicht verschieden ist, und die sich in beliebigen Abständen vom Erdmittelpunkte befinden: derselbe ist somit ein Abstraktum und die Masse, allgemein gedacht, ist das allen einzelnen Massen gemeinsame Abstraktum.

Bezieht sich Q stets auf ein und denselben Körper, von dem nichts abgenommen und dem nichts zugesetzt wird, so ist der Quotient M konstant und von der Gravitation unabhängig; dieser Umstand mag von Helmholtz bewogen haben, die Masse irrthümlich mit seiner »Materie an sich« zu identifizieren.

Denn alle anderen Gattungsbegriffe ausser den auf die Gravitation bezüglichen Begriffen Gewicht und Beschleunigung g sind von der mechanischen Masse bereits abgesondert; wären nun auch diese von ihr abgezogen, so bliebe die »Materie an sich«, abgesehen von allen Gattungsbegriffen, übrig. Aber wir haben hier nicht die Masse einer bestimmten konkreten Stoffmenge, sondern die Masse überhaupt zu betrachten; und diese hängt von den auf die Gravitation bezüglichen Begriffen Gewicht und Beschleunigung g ab, woran nichts dadurch geändert wird, dass sie für besondere Bedingungen eine Konstante ist. Giebt es doch, wie jeder weiss, auch andere Funktionen, die sich derartig verhalten. So wird z. B. das Volumen v einer gegebenen Menge eines schwer zu verflüssigenden Gases eine Konstante, wenn sein Druck p und seine absolute Temperatur ϑ sich in demselben Verhältnisse ändern; und doch wird Niemand bezweifeln, dass v eine Funktion von p und ϑ ist.

Wäre »Masse« dasjenige, was übrig bleibt, wenn wir alle Sinneswahrnehmungen und somit implicite auch deren Gattungen von der Materie abziehen, so müsste sie ferner auch übrig bleiben oder, wie von Helmholtz sagt, ein Dasein haben, wenn Druck und Beschleunigung Null würden, oder mit anderen Worten die Gravitation aufhörte. Sie hätte aber alsdann den vieldeutigen Ausdruck $M = \frac{Q}{g} = \frac{o}{o}$, der im vorliegenden Falle überhaupt keinen Sinn erhalten könnte; da Q und g identisch Null wären.

Also Masse ist ein Abstraktum, das sich auf die erscheinende Masse bezieht und mit den Begriffen Druck und Gewicht von ihr abgeschieden wird.

Die »Materie an sich« wäre somit erst zu erhalten, nachdem wir ausser allen Gattungsbegriffen auch den der Masse von der erscheinenden Materie abgesondert haben, und es ist ganz unlogisch, wenn von Helmholtz an der »Materie an sich« Masse unterscheiden will.

Ganz verkehrt ist auch der feierliche Ausspruch, dass die Masse »als ewig unveränderlich gesetzt wird«.[1]) Denn erstens könnte »Vergänglichkeit« oder »Ewigkeit« überhaupt nur von Grössen ausgesagt werden, die in der Zeit aufgefasst, d. h. die Konkreta sind, wogegen, wie bewiesen, die Masse ein Abstraktum ist, und zweitens käme ewige Unveränderlichkeit nur solchen Grössen zu, die mit logischer Nothwendigkeit unveränderlich sind. Von der Masse eines Körpers ist aber nur zu sagen, dass sie erfahrungsmässig konstant ist, wie eine kurze Auseinandersetzung zeigen wird.

Der konkrete Stoff ist ewig, oder unschaffbar und unzerstörbar: das ist eine logisch nothwendige Voraussetzung aller Naturerkenntniss. Dieselbe folgt, wie ich an anderer Stelle gezeigt habe,[2]) aus dem Kausalgesetze; und wenn man auch diese Ableitung verwerfen wollte, so wird doch die

---

[1]) M. vergl. oben S. 65 Z. 18 v. o.

[2]) M. vergl. meine bereits angeführte Schrift »Ueber den Beweis u. s. w.« S. 3.

Nothwendigkeit der Voraussetzung selbst ganz unbestritten bleiben: Niemand wird behaupten, dass z. B. ein Stück Gold oder Blei in irgend einem Teile aus Nichts entsteht oder zu Nichts wird.

Die Konstanz der Masse eines Körpers könnte dagegen sehr wohl fortfallen. Dazu wäre nur nothwendig, dass die sogenannte Anziehungskraft der Erde eine andere Form hat, als diejenige, die ihr erfahrungsmässig zukommt. Wären z. B. ihre Wirkungen auf die einzelnen Teilchen eines Körpers nicht einfach zu summieren, sondern von deren gegenseitiger Lage abhängig, so würde für ein und denselben Körper die Gleichung $Q = \text{Konst.} \times g$, und folglich auch die Gleichung Masse = Konst. nicht mehr bestehen. Aber die Form der sogenannten Schwerkraft ist nur erfahrungsmässig festzustellen, und nicht logisch nothwendig; folglich gilt auch die Konstanz der Masse nur thatsächlich und nicht nothwendig.

Die Konstanz der Masse ist auch keineswegs immer als selbstverständlich angesehen worden, sondern es sind noch in neuester Zeit Versuche zu ihrer Prüfung angestellt, indem eine chemische Reaktion in einem vollständig abgeschlossenen Raume durchgeführt, und das Gewicht der dazu verwendeten Substanzen vor und nach dem Versuche bestimmt wurde.[1])

Wenn sich nun auch, wie zu erwarten war, hierbei keine Gewichtsänderung erkennen liess, so war doch die Frage, ob die Schwere und folglich auch die Masse von der Anordnung der Körperelemente abhängt, immerhin berechtigt.

Was von Helmholtz über die Materie äussert, hat sich im Vorstehenden als ganz unhaltbar erwiesen, ohne dass wir uns tiefer in das Gebiet der Erkenntnistheorie hineinbegaben und darin eine bestimmte Stellung einnahmen. Er begeht eben Fehler gegen die Gesetze der alltäglichen formalen Logik. Denn seine Angaben über das Verhalten seiner »Materie an sich« widersprechen einfach sich selbst, und die Identifikation der Materie an sich mit der Masse beweist völlige Unklarheit bezüglich der Bedeutung der Abstrakta.

---

1) M. vergl. Kreichgauer, Verhandl. d. physik. Ges. z. Berlin 1891, 2, S. 13.

Und diese seine von Grund aus verworrenen Behauptungen erklärt er für zu stark durch Kant beeinflusst!

Aber wie Jeder, der sich auch nur oberflächlich mit Kant beschäftigt hat, sieht, hat er dessen Lehre vom »Ding an sich« garnicht begriffen; sonst hätte er eine solche logische Missgeburt wie seine »Materie an sich« nicht zu Tage fördern können.

Also etwas mehr Kant wäre ihm sehr dienlich gewesen.

Von Helmholtz versichert hiernach, dass Kraft und Materie in der Wirklichkeit nie von einander getrennt sind, ein Satz, den ihm Niemand bestreiten wird, zu dessen Verständniss aber seine vorstehend erörterte Begriffsmengerei nicht das Geringste beiträgt, und glaubt uns nun genügend vorbereitet, um seine letzten Ursachen kund zu geben.[1])

> »Wir haben oben gesehen, dass die Naturerscheinungen auf unveränderliche letzte Ursachen zurückgeführt werden sollen, diese Forderung gestaltet sich nun so, dass als letzte Ursachen der Zeit nach unveränderliche Kräfte gefunden werden sollen. Materien mit unveränderlichen Kräften (unvertilgbaren Qualitäten) haben wir in der Wissenschaft chemische Elemente genannt. Denken wir uns aber das Weltall zerlegt in Elemente mit unveränderlichen Qualitäten, so sind die einzigen noch möglichen Aenderungen in einem solchen System räumliche, d. h. Bewegungen, und die äusseren Verhältnisse, durch welche die Wirkung der Kräfte modifizirt wird, können nur noch räumliche sein, also die Kräfte nur Bewegungskräfte, abhängig in ihrer Wirkung nur von den räumlichen Verhältnissen.
>
> Also näher bestimmt: Die Naturerscheinungen sollen zurückgeführt werden auf Bewegungen von Materien mit unveränderlichen Bewegungskräften, welche nur von den räumlichen Verhältnissen abhängig sind.«

Auch hiergegen ist wiederum viel einzuwenden.

---

[1]) S. 14 a. E. u. S. 15.

Erstens: wir haben oben nicht gesehen, dass die Naturerscheinungen auf letzte Ursachen zurückgeführt werden *sollen*; sondern nur, dass sie von Helmholtz darauf zurückführen *wollte*.

Zweitens: wie schon oben[1]) ist auch hier wiederum die Einführung der räumlichen Verhältnisse neben den letzten Ursachen ganz unklar. Ursachen, die von etwas Anderem abhängen, sind offenbar nicht mehr letzte. Die räumlichen Verhältnisse sollen also wohl allerletzte Ursachen sein. Wenn sie wenigstens genau definiert würden; doch das hält von Helmholtz nicht für nöthig. Einen mystischen, undefinierten Ausdruck macht er zum Hauptpfeiler seiner ganzen Theorie! Denn was kann wichtiger sein, als dasjenige, wovon selbst die letzten Ursachen abhängen?

Drittens: es ist reine Willkür, dass er die chemischen Elemente für Materien mit unveränderlichen Qualitäten erklärt und hieraus folgert, sämmtliche Kräfte müssten Bewegungskräfte sein. Die chemischen Elemente verhalten sich in gewissen Grenzen chemisch unveränderlich, oder in seiner Ausdrucksweise, ihre chemischen Qualitäten sind bedingt unvertilgbar. Dagegen sind ihre physikalischen Qualitäten, wie Kohäsion, Elastizität, Wärmeleitung u. s. w. sehr veränderlich.

Also durfte von Helmholtz nur in folgender Weise schliessen:

Denken wir uns das Weltall zerlegt in chemische Elemente, so sind nur solche Aenderungen möglich, die deren chemisches Verhalten in gewissen Grenzen ungeändert lassen. Oder auch so:

Es giebt keine Kraft, die die chemischen Qualitäten der Elemente, insofern sie unveränderlich sind, ändern kann.

Das wäre nun allerdings ganz selbstverständlich, und würde garnichts beweisen; daher erklärt von Helmholtz die chemischen Elemente für Materien mit lauter ganz unveränderlichen Qualitäten und kann nun aus seiner Definition schliessen, was ihm beliebt. So gründet man freilich Luftschlösser, aber nicht wissenschaftliche Theorien.

---

[1]) M. vergl. oben S. 64 Z. 12 v. u.

Wie man sich also auch zu der Zurückführung aller Naturvorgänge auf mechanische stellen mag, jedenfalls hat von Helmholtz dieselbe hier nicht bewiesen, sondern nur willkürlich behauptet.

Im Jahre 1881 hat von Helmholtz zu seiner »Einleitung« zwei Zusätze gemacht,[1]) deren erster, von dem wir jetzt Kenntniss nehmen wollen, von der Kausalität und Materie handelt.

Nachdem er darin, wie schon oben erwähnt, Kant zur Mitverantwortung der angeblichen Philosophie seiner Einleitung herangezogen hat, fährt er fort:

> »Ich habe mir erst später klar gemacht, dass das Prinzip der Kausalität in der That nichts Anderes ist, als die Voraussetzung der Gesetzlichkeit aller Naturerscheinungen.«

Das ist doch aber nichts als eine Trivialität.

Die Kausalität ist das allgemeinste ausnahmelose Naturgesetz; mit ihr ist selbstverständlich auch die Gesetzlichkeit aller Naturerscheinungen gegeben, und man muss sich wundern, dass von Helmholtz erst in späteren Jahren zu dieser Erkenntniss gelangte.

Sollte aber die Kausalität nicht gleichgültig über den Erscheinungen schweben, sondern für die Naturerkenntniss fruchtbar werden, so waren die nothwendigen und hinreichenden Bedingungen dafür, dass zwei Naturvorgänge kausal zusammenhängen, den Anforderungen der Logik und Erfahrungen gemäss festzustellen.

Den richtigen Weg zur Lösung dieser Aufgabe hat R. Mayer gewiesen, während die unbestimmt allgemeine Phrase von von Helmholtz nichts dazu beiträgt.

Dem übrigen Inhalte des Zusatzes ist ebenfalls keine sachliche Bedeutung beizulegen. Wir lesen da weiter:

> »Das Gesetz als objektive Macht erkannt, nennen wir Kraft.«

Dieser Ausspruch würde besser in eine Autographensammlung oder ein Stammbuch passen, als in eine wissenschaftliche Abhandlung. Denn hinter seiner anspruchsvollen

---

[1]) S. 68.

Dunkelheit verbirgt sich nichts als ein schiefer, alltäglicher Gedanke.

Ein fallender Stein z. B. ist eine Kraft, deren Betrag durch die Gleichung zwischen Arbeit und lebendiger Kraft bestimmt wird; diese kommt also zur Geltung, oder ist zu erkennen in der Kraft des fallenden Steines. Sagt man hierfür mit von Helmholtz das in der genannten Gleichung ausgesprochene Gesetz als objektive Macht ist die Kraft des fallenden Steines, so hat man für eine bekannte Sache eine schwülstige Phrase, aber nicht die geringste Erweiterung der Erkenntniss.

Schliesslich äussert sich von Helmholtz a. a. O. nochmals über die Ursache:

> »Ursache ist seiner ursprünglichen Bedeutung nach das hinter dem Wechsel der Erscheinungen unveränderlich Bleibende oder Seiende; nämlich der Stoff und das Gesetz seines Wirkens, die Kraft.«

Die sprachliche Belehrung, die wir in diesem Satze erhalten ist von zweifelhaftem Werth; übrigens kommt es hier auch garnicht darauf an, was das Wort Ursache ursprünglich bedeutet, sondern darauf, die Kausalität in der Natur sachgemäss zu bestimmen. Statt sich als Sprachforscher zu geberden, hätte uns also von Helmholtz lieber sagen sollen, was er sich eigentlich unter diesem hinter den Erscheinungen seienden Stoffe denkt. Nach Kant wäre er das Ding an sich, und die Kausalität in der Natur wäre somit ontologisch. Da aber nach von Helmholtz die Bestimmung der Kausalität das Ziel der Physik ist,[1]) so hätte diese Wissenschaft sich in Ontologie aufzulösen. Das lehrt von Helmholtz, der es liebte, seine Gegner als Metaphysiker zu denunzieren!

Doch er hat sich ja von Kant emanzipiert; wir wollen also sehen, was er auf eigene Hand hinter den Erscheinungen entdeckt hat.

Dazu müssen wir aber seine anderen Schriften zu Rathe ziehen; denn hier beschränkt er sich auf den oben angeführten Orakelspruch.

---

1) M. vergl. oben S. 64, Z. 5 v. o. ff.

In seinem Vortrage »Die Thatsachen der Wahrnehmung[1]) findet sich folgende Aeusserung:

> »Wir nennen, was ohne Abhängigkeit von Anderem gleich bleibt, in allem Wechsel der Zeit: die Substanz . . . . Der Begriff der Substanz kann nur durch erschöpfende Prüfungen gewonnen werden und bleibt immer problematisch, insofern weitere Prüfungen vorbehalten wird. Früher galten Licht und Wärme als Substanzen, bis sich später herausstellte, dass sie vergängliche Bewegungsformen seien, und wir müssen immer noch auf neue Zerlegungen der jetzt bekannten chemischen Elemente gefasst sein.«

Soll hier die Erwähnung der chemischen Elemente einen Sinn haben, so muss sie so verstanden werden, dass dieselben Substanzen sind, wobei wir aber an absolute Elemente und nicht an solche, die nur bedingungsweise unzerlegbar sind, zu denken haben. Also wir merken uns zunächst: die chemischen Elemente, in absolutem Sinne verstanden, sind nach von Helmholtz Substanzen.

Nun folgen in dem Vortrage wiederum die uns schon bekannten Phrasen über Gesetz, Kraft und Ursache.

> »Das erste Produkt des denkenden Begreifens der Erscheinung ist das Gesetzliche. Haben wir es so weit ausgeschieden, seine Bedingungen so vollständig und sicher abgegrenzt und zugleich so allgemein gefasst, dass für alle möglicher Weise eintretenden Fälle der Erfolg eindeutig bestimmt ist, und wir gleichzeitig die Ueberzeugung gewinnen, es habe sich bewährt und werde sich bewähren in aller Zeit und in allen Fällen: dann erkennen wir es als ein unabhängig von unserem Vorstellen Bestehendes an und nennen es die Ursache, d. h. das hinter dem Wechsel ursprünglich Bleibende und Bestehende« . . . . »Insofern wir dann das Gesetz als ein unsere Wahrnehmung und den Ablauf der Naturprozesse Zwingendes, als eine unserem Willen gleichwerthige Macht anerkennen, nennen wir es Kraft.«

---

[1]) Vorträge u. Reden, S. 244, Z. 16 v. u. ff.

Ferner lesen wir ebendaselbst wenige Zeilen weiter unten:

> »Wir haben in unserer Sprache eine sehr glückliche Bezeichnung für dieses, was hinter dem Wechsel der Erscheinungen stehend auf uns einwirkt, nämlich: das Wirkliche. Hierin ist nur das Wirken ausgesagt, es fehlt die Nebenbeziehung auf das Bestehen als Substanz, welche den Begriff des Reellen, d. h. des Sachlichen einschliesst.«

Ich habe diesen Wortschwall wörtlich hergesetzt, weil er recht auffällig zeigt, wie von Helmholtz Zeit seines Lebens in seiner sogenannten Philosophie nicht darüber hinausgekommen ist, Trivialitäten in verworrene Phrasen zu verhüllen. Die »Substanz« oder das »hinter dem Wechsel ursprünglich Bleibende« oder das »Wirkliche« ist nach ihm die Ursache oder die Kraft, und unter Substanz versteht er die chemischen Elemente. Somit wäre also das verschleierte Bild endlich enthüllt: die chemischen Elemente und ihre Kräfte sind die »Ursache«.

Diese Bestimmung wird gewiss kein Naturforscher bestreiten. Denn die Ursache eines Naturvorganges kann nur ein konkreter Körper sein, und alle Körper sind aus den chemischen Elementen zusammengesetzt, folglich sind die chemischen Elemente, oder genauer, deren Energie die Ursache: aber was nützt uns diese Trivialität? Um es nochmals zu wiederholen, die Aufgabe war, zu bestimmen, welchen Bedingungen ein Körper genügen muss, um in einem bestimmten Vorgange Ursache zu sein, und hierüber erfahren wir durch von Helmholtz garnichts.

Denn, was er in den vorstehend angeführten Sätzen über die Beziehungen von Ursache, Gesetz und Kraft vorbringt, ist ebenso wie die vorher erörterten Aeusserungen des »Zusatzes«, mit denen es fast wörtlich übereinstimmt, nur ein Spiel mit Worten, und sagt wie jene nichts weiter, als dass die Kausalität als allgemeinstes Gesetz in allen Naturvorgängen wirksam ist. Dabei lässt uns von Helmholtz vollständig im Unklaren darüber, was er eigentlich unter Kraft versteht.

Meint er die sogenannten Fernkräfte, so stimmt seine spätere Auffassung der Kausalität vollständig mit der gewöhnlichen in der »Einleitung« vorgetragenen überein; soweit sich so unklare Aeusserungen wie die seinigen vergleichen lassen.

Nimmt er aber Kraft im Sinne von Energie, so würde sich seine spätere Auffassung der Kausalität nach Beseitigung des Durcheinanders von Substanz, Wirkliches, chemisches Element, mit derjenigen in Uebereinstimmung bringen lassen, die R. Mayer weit früher schlicht und klar ausgesprochen hat. Jedenfalls theilt uns also von Helmholtz über die Kausalität nichts Neues mit, und das Alte, was er sagt, haben andere sehr viel besser gesagt als er.

Abgeschmackt sind auch hier wiederum seine philologischen Bemühungen. Die »sehr glückliche Bezeichnung« »das Wirkliche« gebraucht er sehr unglücklich für Etwas, das »hinter dem Wechsel der Erscheinungen« stehen soll.

Demnach wäre die Erscheinung nichts Wirkliches. von Helmholtz verwechselt also offenbar »Erscheinung« und »Schein« und hat somit, trotz seiner angeblich zu starken Beeinflussung durch Kant, die ersten Seiten von dessen Kritik der reinen Vernunft entweder nicht gelesen oder nicht verstanden.

Etwas mehr Kant wäre ihm sehr dienlich gewesen.

Nun können wir auch feststellen, worin seine Abwendung von Kant bestand.

Wie wir sahen, will er mit den Ausdrücken »Substanz«, »Wirkliches« und »chemische Elemente« ein und dasselbe bezeichnen. Das Wirkliche setzt er aber der Erscheinung entgegen und auch Substanz nennt er ausdrücklich das, was ohne Abhängigkeit von Anderem gleich bleibt in allem Wechsel der Zeit. Hiernach muss man annehmen, er dachte sich unter dem »Wirklichen« oder der »Substanz« eine Art »Ding an sich«, was seine ausdrückliche Bestätigung findet, indem er in demselben Vortrage sagt:

> »Auch die räumlichen Bestimmungen also betrachtet Kant für ebenso wenig *der Welt des Wirklichen, oder „dem Dinge an sich“* angehörig, wie die Farben« u. s. w.[1])

---

[1]) S. 227, Z. 22 v. o. ff.

Also die Substanz oder das Wirkliche oder die *chemischen Elemente* sollen das *Ding an sich* sein!

Wenn aber irgend etwas sich auf die Erscheinung bezieht, so sind es die chemischen Begriffe.

Ein chemisches Element ist ein Körper, der nicht in chemisch verschiedenartig wirkende Körper zerlegt werden kann, oder dessen chemische Wirkungen gegen andere Körper in gewissen Grenzen qualitativ stets dieselben sind. Diese Wirkungen sind aber Erscheinungen, und wir können somit ein chemisches Element nur durch Erscheinungen definieren, oder mit anderen Worten, es enthält seinem Begriff nach nothwendig die Beziehung auf andere Körper.

Betrachten wir ein Element, während es nicht auf andere Körper chemisch wirkt, so wirkt es doch auf unsere Sinne, indem wir es wahrnehmen. Diese Wirkungen reichen aber nicht aus, um es sicher zu identifizieren, wenn wir sonst nichts von ihm wissen. Ein gelbes wie Gold aussehendes Metall können wir z. B. nicht ohne Weiteres für Gold erklären: wir müssen dazu erst sein spezifisches Gewicht, Verhalten gegen Säuren u. s. w. kennen, und folglich ganz bestimmte Wirkungen von ihm aussagen. Wir definieren also das Gold, auch wenn es nicht chemisch wirkt, teils durch eine Anzahl thatsächlicher Beziehungen auf unsere Sinne, teils durch chemische Reaktionen gegen andere Körper. Diese Beziehungen sind, wie erwähnt, qualitativ in gewissen Grenzen unveränderlich; aber es bleiben doch immer Beziehungen.

Von Helmholtz *dagegen setzt an die Stelle der qualitativ unveränderlichen Beziehungen vollständige Beziehungslosigkeit oder Unabhängigkeit!*

Fragen wir uns nun, welchen Gewinn wir aus den vorstehend erörterten Auslassungen unseres Autors davon tragen können, so ist als das einzige Brauchbare darin Folgendes zu ermitteln:

Die chemischen Reaktionen zwischen denselben chemischen Elementen bleiben, in gewissen Grenzen, qualitativ stets dieselben. Diesen Satz aber haben wir wohl alle auch ohne von Helmholtz gekannt. Will derselbe die chemischen Elemente als Substanzen bezeichnen, so mag er es immerhin; da das Wort Substanz in verschiedenem Sinne gebraucht werden kann.

Wenn er aber dann diese Substanzen als das hinter den Erscheinungen Stehende mit dem »Ding an sich« identifiziert, so ist das ganz sinnlos.

Sein Verhältniss zu Kant ist hiernach in folgender Weise zu charakterisieren.

Als er angeblich noch von Kant zu stark beeinflusst war, in der sogenannten Philosophie seiner Einleitung, vermengte er »Ding an sich« und Masse; später, als er sich angeblich von Kant freigemacht hatte, in seinen Vorträgen, vermengte er »Ding an sich« und »chemisches Element.«

Beides ist selbstverständlich ein vollständiger Widersinn, woran Kant gar keine Schuld hat.

Wir kehren nun zu der »Einleitung« zurück.

Nachdem von Helmholtz die Kausalität und die Materie so, wie wir sahen, abgehandelt hat, äussert er sich über die Bewegung und die Zerlegung der Bewegungskräfte in solche zwischen materiellen Punkten.

Zuerst will er deduzieren, dass jede wahrgenommene Bewegung nur relativ sein kann. Zu dem Zwecke schreibt er:[1])

> »Bewegung ist Aenderung der räumlichen Verhältnisse. Räumliche Verhältnisse sind nur möglich gegen abgegrenzte Raumgrössen, nicht gegen den unterschiedslosen leeren Raum.
>
> »Bewegung kann deshalb in der Erfahrung nur vorkommen als Aenderung der räumlichen Verhältnisse wenigstens zweier Körper gegen einander; Bewegungskraft als ihre Ursache, also auch immer nur erschlossen werden für das Verhältniss mindestens zweier Körper gegen einander, sie ist also zu definiren als das *Bestreben zweier Massen, ihre gegenseitige Lage zu wechseln.*"

Auch hier wiederum kleidet von Helmholtz ganz alltägliche Sätze in dunkle Phrasen.

In elementaren Lehrbüchern der Physik ist zu lesen, dass jede Bewegung relativ ist, und von Helmholtz lehrt über

---

[1]) S. 15.

diesen Satz nicht das geringste Neue: seine vermeintliche Deduktion desselben ist nichts als eine petitio principii.

Denn räumliche Verhältnisse können selbstverständlich nur zwischen begrenzten Grössen stattfinden; weil der Begriff des Verhältnisses den der begrenzten Grösse einschliesst: Ausdrücke wie $\frac{\infty}{\infty}$ u. s. w. werden erst bestimmt, wenn man sie auf begrenzte Grössen zurückführt. Der Satz Bewegung ist Aenderung der räumlichen Verhältnisse sagt also bereits, dass die Bewegung eines Körpers nur in Bezug auf andere Körper stattfindet, was von Helmholtz erst deduzieren will.

Und dann die sinnlose Definition: *„Bewegung ist das Bestreben zweier Massen, ihre gegenseitige Lage zu wechseln"*; d. h. nichts anderes als *das Bestreben sich zu bewegen.*

Ueber diese so klassisch definierte Bewegungskraft theilt nun von Helmholtz Nachstehendes mit.[1])

> »Die Kraft aber, welche zwei ganze Massen gegen einander ausüben, *muss* aufgelöst werden in die Kräfte aller ihrer Teile gegen einander; die Mechanik geht deshalb zurück auf die Kräfte der materiellen Punkte, d. h. der Punkte des mit Materie gefüllten Raumes.«

Da aber Punkte, so führt er dann weiter aus, keine andere räumliche Beziehung gegen einander besitzen als ihre Entfernung, so können die Kräfte, die sie auf einander ausüben, nur diese Entfernung ändern, d. h. nur anziehend oder abstossend wirken; da sie andernfalls nicht vollständig bestimmt wären.

> »Dies folgt sogleich aus dem Satze vom zureichenden Grunde.«

Nach von Helmholtz ist also die Zerlegung einer endlichen Kraft in Punktkräfte nicht bloss ein Hilfsmittel der Analysis, sondern die Punktkräfte sollen Realität besitzen.

Einen Grund für diese Behauptung giebt er in der »Einleitung« überhaupt nicht an, sondern er behilft sich mit einem »muss«, und was er zu deren Begründung in einem späteren Zusatze anführt, ist, wie wir weiter unten sehen werden, so, dass es besser ungesagt geblieben wäre. Der

---

[1]) S. 15.

wahre Grund seiner Ausführungen ist auch, wie leicht zu zeigen, kein anderer, als eine unklare Auffassung des unendlich Kleinen und des Satzes vom zureichenden Grunde.

In der Mathematik können wir, um leichter zu Resultaten zu gelangen, Hilfsgrössen in die Rechnung einführen, denen nichts Reales entspricht, wenn sie nur mathematisch richtig gebildet sind. Derartige Hilfsgrössen sind auch die Kräfte zwischen materiellen Punkten in der analytischen Mechanik. Denn die Kraft zwischen zwei materiellen Punkten ist, mag man nun letztere als diskret oder als Differentiale eines Continuums auffassen, ein unendlich Kleines, und das unendlich Kleine ist nichts Reales: weil alle realen Grössen begrenzt sind; wogegen das unendlich Kleine nicht begrenzt, sondern eine Grenze ist, der wir uns zwar beliebig näheren, die wir aber nicht erreichen können.

Hieraus folgt, dass auch die Kraft zwischen materiellen Punkten oder, genauer gesprochen, deren Aenderung keinen realen, sondern nur einen logischen bezw. mathematischen zureichenden Grund hat.

Denn der reale Grund kommt den realen, der logische den idealen Aenderungen zu.

Von Helmholtz durfte also erstens nicht behaupten, dass die sogenannte Fernkraft zwischen zwei endlichen real gedachten Massen in reale Punktkräfte aufzulösen sei: denn Punktkräfte sind als unendlich kleine Grössen nicht real, und er durfte zweitens auch nicht schliessen, dass die Kraft zwischen zwei materiellen Punkten allein durch deren gegenseitige Entfernung bestimmt ist; weil zwischen ihnen keine andere reale Beziehung denkbar wäre: denn da die Punktkräfte nichts Reales sind, brauchen auch die Grössen, wovon sie abhängen, keine reale Bedeutung zu haben. Dieselben könnten so bestimmt werden, dass bei der Summierung der Punktkräfte zu endlichen Kräften nur die realen Beziehungen übrig bleiben, und die anderen ausfallen.

Dem Schlusse, wonach die Kraft zwischen zwei Punkten allein von deren Entfernung abhängen soll, liegt ferner ausser der Annahme der Realität der Punktkräfte noch diejenige zu Grunde, dass zwei Punkte für sich allein existieren können, die noch unzulässiger ist als die erstere. Denn sind mehr als zwei Punkte vorhanden, so könnte die Kraft zwischen zwei Punkten ausser von deren Entfernung noch von Beziehungen zu anderen Punkten abhängen. Bei jeder Zerlegung endlicher Massen erhalten wir aber eine unendliche Anzahl materieller Punkte; die Kraft zwischen zwei Punkten könnte demnach ausser von deren Entfernung z. B. auch von dem Winkel abhängen, den sie mit einer Axe macht, die durch den Schwerpunkt senkrecht zur Lothlinie gelegt ist u. A. m.

In seiner »Erwiderung auf die Bemerkungen von Herrn Clausius«[1]) bestreitet von Helmholtz allerdings die Berechtigung derartiger Annahmen, indem

> »Stärke und Richtung reell vorhandener Naturkräfte nicht von der Lage bloss vorgestellter Koordinatensysteme, sondern nur von der Lage reell vorhandener physischer Objekte abhängig gemacht werden können.«

Hierbei macht er aber eben die unberechtigte Voraussetzung, dass materielle Punkte und sogar zwei für sich allein real vorhanden sind. Thatsächlich können ja allerdings endliche Kräfte in Punktkräfte zerlegt werden, die nur von der Entfernung abhängen; aber das beweist nichts für die Ausführungen von von Helmholtz Denn er sucht dieses thatsächliche Verfahren der Mechanik als logisch nothwendig zu deduzieren, so dass die analytische Darstellung in ihrem ganzen Verlaufe das genaue Abbild des realen Vorganges wäre, und diese Auffassung beruht, wie gezeigt wurde, auf irrigen Prinzipien.

Um dann von den Punktkräften zu endlichen Kräften zu gelangen, muss von Helmholtz auch noch voraussetzen, dass die Kräfte zwischen zwei Punkten sich addieren lassen, was er stillschweigend thut,[2]) und ebensowenig denkt er daran, den Begriff der Fernkraft zu untersuchen; sondern er betrachtet sie ohne Weiteres als real: beides spricht gerade nicht für die kritische Strenge, womit er bei der Feststellung der Prinzipien verfuhr.

In dem zweiten Zusatze[3]) vom Jahre 1881 giebt von Helmholtz zu seinen vorstehend erörterten Aeusserungen

[1]) S. 81, Z. 15 v. u. ff.

[2]) S. 15, vorletzte Z. ff.

[3]) S. 68.

über die Punktkräfte folgende Ergänzung, die wir dem Leser nicht ersparen können.

> »Die Nothwendigkeit der Auflösung der Kräfte in solche, die sich auf Punkte beziehen, kann aus dem Prinzip der vollständigen Begreifbarkeit der Natur hergeleitet werden für die Massen, auf welche die Kräfte wirken, insofern vollständige Kenntniss der Bewegung fehlt, wenn nicht die Bewegung jedes einzelnen materiellen Punktes angegeben werden kann. Aber die gleiche Nothwendigkeit scheint mir nicht zu bestehen für die Massen, von denen die Kräfte ausgehen.«

Diese Unterscheidung der wirkenden und der die Wirkung erleidenden Massen führt von Helmholtz dann noch breiter aus.

Hier wird uns also urplötzlich ein neues Prinzip offenbart: die Natur ist vollständig begreifbar, und für ihre vollständige »Begreifbarkeit« nothwendig sind die Punktkräfte.

Allerdings pflegt man sonst die Natur für unergründlich zu erklären; doch von Helmholtz war anderer Meinung: er dürfte aber zu seinem Prinzip nur mittels einer Begriffsverwirrung gelangt sein.

Wir können und wollen der Naturerkenntniss keine bestimmten Grenzen setzen; sie ist also *unbegrenzt;* aber sie ist nie *vollständig*: denn dazu müssten wir jeden Vorgang nicht nur an sich, sondern auch in seinen Beziehungen zu allen anderen Vorgängen auffassen, was eine unendliche Anzahl von Bedingungen ergäbe.

Von Helmholtz hat somit hier *Unbegrenztheit* und *Vollständigkeit* der Naturerkenntniss mit einander verwechselt. Ferner ist, wie schon oben bemerkt, die Einführung der Punktkräfte nur ein analytischer Kunstgriff; das den Naturvorgang darstellende Resultat der Rechnung kann immer nur endliche Grössen enthalten. Ob aber die Naturerkenntniss diesen Kunstgriff allezeit nöthig haben, oder ob sie ihn einmal entbehren können wird, das kann doch niemand entscheiden.

Also den Nothbehelf der Analysis erhebt von Helmholtz zum logischen Prinzip.

Letzteres ist auch in der That nichts weiter als ein Nothbehelf, um die Einführung der Punktkräfte zu rechtfertigen, die in der Einleitung durch einen Ukas schlechtweg dekretiert wurde, was aber immerhin nach besser war, als solche Begründung.

Das einzige ganz allgemeine, für den unbehinderten Fortschritt der Naturerkenntniss nothwendige Prinzip ist das vom zureichenden Grunde, das freilich mit mehr Verständniss angewendet werden muss, als unser Autor bewiesen hat.

Die Punktkräfte dagegen und überhaupt die Fernkräfte sind, als reale Grössen aufgefasst, selbst ganz unbegreiflich, und es wird auch zum grössten Vortheil für die »Begreifbarkeit« der Natur die Einsicht immer allgemeiner, dass sie nichts als mathematische Funktionen sind. Doch möge zur Begründung dieser Auffassung hier noch eine Erörterung der Fernkräfte, als logisches Problem betrachtet, folgen.

Wir untersuchen zuerst allgemein, ob letzte Ursachen möglich sind, ohne für sie bestimmte Bedingungen anzunehmen.

Da Ursachen, die letzte sein sollen, unverändert sein müssten, würden sie in der Zeit verlaufende Wirkungen gar nicht bestimmen können. Denn warum soll ein Ereigniss gerade heute eintreten, wenn seine Ursache gestern dieselbe war und morgen dieselbe sein wird wie heute?[1])

Zunächst wäre also für des zeitliche Eintreten derjenigen Aenderungen, die unmittelbar von unveränderlichen Ursachen abhängen, kein hinreichender Grund vorhanden; und folglich würde er auch für das zeitliche Eintreten ihrer mittelbaren Wirkungen fehlen, indem letzteres von dem der unmittelbaren Wirkungen bedingt ist, und dies unbestimmt bleibt.

Ursache eines Naturvorganges kann also wiederum nur eine zeitliche Aenderung sein.

Jede Aenderung bedarf aber einer Ursache, und da diese, wie soeben gezeigt, wiederum eine Aenderung sein muss; so ist die Kette von Ursachen und Wirkungen unendlich, und die Annahme letzter Ursachen zeitlicher Wirkungen widerspricht dem Kausalgesetze.

---

[1]) M. vergl. oben S. 9.

Eine unveränderliche Ursache könnte nur für ein Sein, nicht für ein Werden oder Vergehen angenommen werden, aber diese beiden sind gerade das Objekt der Naturforschung.

Nehmen wir als letzte Ursachen sogenannte anziehende und abstossende Fernkräfte an, die in verschiedenen Punkten des Raumes verschiedene Werthe haben, aber in jedem einzelnen konstant bleiben, indem wir die Frage, ob derartige Kräfte überhaupt real sein können, vorläufig unentschieden lassen, so könnte man den letzten Grund dafür, dass sich ein Körper M von einem Punkte A nach einem B bewegt, in der Aenderung suchen wollen, die die Kraft zwischen A und B erleidet; aber für das Eintreten dieser Bewegung in einem bestimmten Zeitpunkte wäre gar kein hinreichender Grund vorhanden.

Denn denkt man sich die Lage aller anderen Körper ausser M unverändert bleibend, so wäre die Kraftänderung zwischen den Punkten A und B allezeit dieselbe; die Bewegung des Körpers M von A nach B könnte folglich jederzeit mit demselben Rechte angenommen werden. Um ihr Eintreten an einen bestimmten Zeitpunkt zu binden, müssten also noch andere Körper ausser M ihre Lage ändern, für deren Bewegung würde aber ganz derselbe Schluss gelten, wie für diejenige von M, so dass wir wiederum eine unendliche Kette von kausal mit einander zusammenhängenden Bewegungen erhalten.

Formulieren wir den kausalen Zusammenhang analytisch, so muss die Wirkung als Funktion ihrer vollständigen Ursache dargestellt werden; da sie von ihr abhängt und vollständig durch sie bestimmt ist.

Ist nun W irgend eine nach der Zeit veränderliche natürliche Grösse, z. B. der Betrag, der in einem gegebenen Quantum eines Gases enthaltenen Wärme, und es werden als letzte Ursachen Fernkräfte angenommen; so ist jeder Werth von W allgemein durch einen Werth einer Funktion

$$f\,(m_1, \ldots m_n;\ r_{12} \ldots r_{n-1\,n};\ u, \ldots w)$$

darzustellen, worin die m Massenelemente, die r deren gegenseitige Abstände, und die u, . . . w irgendwelche andere Grössen bezeichnen.

Es ist also für beliebige Werthe

$$W = f;$$

und somit auch

$$d\,W = d\,f.$$

Ist d W nach der Zeit genommen, so muss demnach, wegen der identischen Gleichheit von W und f, auch f eine Funktion der Zeit sein.

Nun kann ja das Differential d f analytisch so beschaffen sein, dass es auch unabhängig von der Zeit, z. B. nach den Koordinaten, integrabel ist; dann ist eine reale Ursache durch einen von der Zeit unabhängigen analytischen Ausdruck ihrer Grösse nach darzustellen. Wenn man aber hieraus folgert, dass auch die reale Ursache von der Zeit abhängig ist, so setzt man an die Stelle eines rein analytischen Verhaltens ein reales, was ganz unberechtigt ist.

Denn wird das Differential d f als unabhängig von der Zeit betrachtet, so stellt es die Aenderung dar, die die Funktion f zwischen zwei ruhenden Raumpunkten erleidet. Diese wäre aber zu allen Zeiten dieselbe, und könnte folglich keinen zureichenden Grund für das zeitliche Eintreten eines Vorganges geben. Wird dagegen d f nach der Zeit genommen, so treten an die Stelle der Fernkräfte zeitliche Aenderungen, d. h., bei Voraussetzung mechanischer Kräfte, Aenderungen von einer Funktion der Bewegung.

Die sogenannten Fernkräfte sind überdies als reale Grössen aufgefasst in sich selbst widersprechend.

Um das nachzuweisen, nehmen wir zwei Körper A und B an, die sich in endlicher Entfernung von einander befinden und mit Fernkräften auf einander wirken. Der Raum zwischen beiden sei leer oder, was im vorliegenden Falle dasselbe ist, mit Masse angefüllt, die sich gegen die betrachteten Fernkräfte indifferent verhält. Nimmt man Fernkräfte an, so ist eine solche Voraussetzung über den Raum zwischen den wirkenden Körpern berechtigt oder vielmehr geboten: denn könnte derselbe nicht indifferent sein, so wären die Kräfte der auf einander wirkenden Körper eben nicht Fernkräfte.

Der Körper A sei, als Summe seiner Massenelemente dargestellt, gleich Σm und analog der Körper B gleich $\Sigma \mu$, und ferner werde der Einfachheit wegen angenommen, dass die Fernkraft ausser von den Massen nur noch von deren gegenseitigen Entfernungen abhängt. Soll sie auch noch durch andere Grössen bestimmt sein, so würden dadurch die folgenden Schlüsse nicht geändert werden.

Alsdann hätte die Fernkraft zwischen den beiden Körpern die Form $\Sigma\, m.\, \mu.\, f(r)$, worin jedes m mit allen μ zu kombiniren, und jede Kombination mit einer Funktion f des betreffenden Abstandes r zu multiplizieren ist.

Wir fragen nun: ist die Fernkraft auch in dem indifferenten Raume zwischen A und B vorhanden? Mit Rücksicht auf ihren analytischen Ausdruck muss die Antwort verneinend lauten. Denn da dieser Raum keine wirkende Masse enthält, hat die Fernkraft in ihm die Form $\Sigma\, m.\, o.\, f(\rho) = o$, oder $\Sigma\, \mu\, .\, o.\, f(\rho') = o$, wenn ρ bezw. ρ' die Abstände eines zwischen A und B gelegenen Punktes von den einzelnen m bezw. den μ bezeichnen.

Die Fernkraft *entstände* folglich in dem indifferenten Raume erst, wenn die Masse m oder die Masse μ in ihn hineinrücken würde. Ganz analoge Schlüsse würden auch für die Punkte gelten, die über A oder B hinaus liegen.

Welchen Grund soll nun aber die Bewegung von Massen in indifferentem Raume haben, zwischen denen sogenannte Fernkräfte wirken?

Nach der üblichen Auffassung bewegen sie sich, weil die Kraft in den Raumpunkten, wohin sie successiv gelangen, verschiedene aber endliche Werthe hat; denn eine Kraft gleich Null ist nur ein Grenzwerth für unendliche Entfernungen, und unendliche Kräfte zwischen endlichen Massen sind überhaupt ausgeschlossen. Da aber, wie bewiesen, die Fernkraft in den indifferenten Raumpunkten erst entsteht wenn wirkende Massen in sie gelangen, und vorher Null ist, so führt diese Auffassung zu dem folgenden schönen Schlusse:

Die Massen bewegen sich, weil die Fernkraft sich ändert, so dass sie aus einem endlichen in einen zweiten endlichen Werth übergeht; und die Fernkraft ändert sich in der angegebenen Weise, weil die Massen sich bewegen.

Dieser Widerspruch fällt sofort weg, wenn die Fernkräfte nur als analytische Funktionen betrachtet werden.

Der Grund ihrer Aenderung ist dann ein logisch-mathematischer, nämlich die Aenderung der als unabhängig aufgefassten Veränderlichen, und die Aenderung der letzteren ist willkürlich, d. h. es sind unzählige logische Gründe für sie möglich.

Die obigen Einwendungen gegen die Fernkräfte bleiben offenbar unverändert bestehen, wenn letztere nur auf sehr kleine Entfernungen wirken sollen, wie Molekularkräfte und chemische; wofern nur zwischen den auf einander wirkenden Massen ein indifferenter Raum angenommen wird.

Wir kehren nun wiederum zu von Helmholtz und seinem Zusatze zurück.

Da er die Fundamente der Physik legen wollte, konnte man von ihm wohl eine Erörterung der prinzipiellen Schwierigkeiten in dem Begriffe der Fernkräfte erwarten; doch er übernimmt sie ganz naiv von seinen Vorgängern, ohne den geringsten Versuch, sie kritisch zu prüfen.

Ganz kritiklos ist auch die Unterscheidung zwischen wirkenden oder bewegenden und eine Wirkung erleidenden oder bewegten Massen. Denn er betrachtet ausdrücklich zwei Massen oder gar Massenpunkte, die von allen Beziehungen zu dritten Körpern völlig losgelöst sind:[1]) wie will er aber dann unterscheiden, welche von beiden Massen die bewegte, und welche die bewegende ist? und wenn sie sich nun gar beide bewegen, welches ist dann die wirkende und welches die eine Wirkung erleidende Masse?

Ausserdem würde doch durch eine einfache Vorzeichen-Vertauschung der wirkende Körper in den die Wirkung erleidenden übergehen und umgekehrt.

Die Wahl des Vorzeichens hängt aber nur von Gründen der Zweckmässigkeit ab; es war somit absurd, dass von Helmholtz auf sie eine fundamentale Unterscheidung gründen wollte.

Derselbe macht dann noch in dem Zusatze seine vermeintlichen Prinzipien der völligen Begreifbarkeit der Natur und der völligen Bestimmbarkeit der Wechselwirkung zweier Massen gegen die elektrodynamischen Theorien geltend,

---

[1]) M. vergl. S. 82, Z. 7 v. o.

wobei die Kräfte zwischen den elektrischen Quantitäten von Geschwindigkeit und Beschleunigung abhängig gemacht werden.

Wir wollen ihn jedoch auf diesem Wege nicht begleiten: bezüglich der angeblichen Prinzipien ist auf das oben Bemerkte zu verweisen, und auf die Elektrodynamik genauer einzugehen, würde zu weit führen, und ist auch durch die vorliegende Aufgabe nicht geboten.

Auch mit der »Einleitung« können wir jetzt schnell abschliessen.

Von Helmholtz glaubt durch sie die Aufgabe der Naturwissenschaft bestimmt zu haben, die nach ihm vollständig gelöst sein wird, wenn sämmtliche Erscheinungen auf »einfache Kräfte« zurückgeleitet sind und die gegebene Zurückleitung als »die einzig mögliche« erwiesen ist.[1])

Unter den einfachen Kräften haben wir aber nach allem Vorhergehenden Fernkräfte der in Punkte zerlegten chemischen Elemente zu verstehen, die zwischen zwei Punkten in deren Verbindungslinie wirken und deren Intensität nur von der Entfernung abhängt.

Wenn diese »einzig mögliche« Zurückleitung durchgeführt ist, dann wäre nach von Helmholtz die Vollendung aller Erkenntniss erreicht; denn

> »dann wäre dieselbe als die nothwendige Begriffsform der Naturauffassung erwiesen; es würde derselben alsdann also auch objektive Wahrheit zuzuschreiben sein«.

Dieser Schluss der »Einleitung« ist wirklich überraschend: welche gegebene Zurückleitung auf Elementarkräfte ist denn schon als die »einzig mögliche« erwiesen? Wenn von Helmholtz ein Beispiel dafür kannte, hätte er es angeben sollen; denn anderswo ist es nicht zu finden. Die Wissenschaft sucht vielmehr mit Recht ihre Gesetze von jeder besonderen Form einer derartigen Zurückleitung unabhängig zu machen.

Er verlegt also den Beweis für die Realität der Fernkräfte »ad calendas graecas«, und wenn wir sie inzwischen für nichts als analytische Funktionen ansehen, kann er uns

---

[1]) S. 17.

das nach seinem Schlusssatze nicht sehr verargen. Denn danach scheint er doch geahnt zu haben, dass seine vermeintlichen Deduktionen über »letzte Ursachen«, »Ding an sich« u. s. w., die die Realität der Fernkräfte beweisen sollten, in Wahrheit garnichts beweisen.

Das Durcheinander von Hypothesen, das von Helmholtz auf den wenigen Seiten seiner »Einleitung« ausschüttet, ist in der That ganz erstaunlich.

Er beginnt mit dem stolzen Versprechen, darin »den letzten und eigentlichen Zweck« der Naturwissenschaft zu offenbaren, worauf er eine vorläufige Bestimmung des letzteren und eine angebliche Deduktion der letzten Ursachen giebt, die nach so grossen Worten in ihrer Unbeholfenheit und Unklarheit um so kläglicher erscheinen.

Dann wirft er die Masse, das Ding an sich, und die chemischen Elemente so durcheinander, dass keines heil bleibt, und während wir noch kopfschüttelnd diese logische Operation zu fassen suchen, erklärt er, dass hierdurch sämmtliche Kräfte in der Natur auf Bewegungskräfte zurückgeführt sind.

Um diese dann näher zu bestimmen, belehrt er uns, dass Bewegungskraft das Bestreben zweier Massen sich zu bewegen ist; ganz übereinstimmend mit der berühmten Erklärung: der Stein fällt, weil er das Bestreben zu fallen hat.

Aber er braucht Punktkräfte: schleunigst erfindet er also zu seinem Spezialgebrauche das »Prinzip der vollständigen Begreifbarkeit der Natur« und muthet uns zu, auf Grund seiner Erfindung die unendlich kleinen materiellen Punkte als reale Grössen anzunehmen.

Damit uns nun aber nicht etwa Zweifel an seiner Selbstkritik entstehen, bestimmt er, dass das »Prinzip der Begreifbarkeit« die Zerlegung in Punkte nur für den bewegten, nicht für den bewegenden Körper bedingt, wobei er nur vergisst, dass er seine zwei aufeinander wirkenden Punkte zu allen anderen Massen beziehungslos annimmt, und somit auch garnicht bestimmen kann, welcher von beiden sich bewegt.

Also eine leere Spitzfindigkeit soll über Kritiklosigkeit in der Feststellung der Prinzipien hinwegtäuschen. Diese Unstetigkeit des Denkens ist übrigens unserem Autor ganz eigenthümlich.

Nach Allem muss man sagen: *ein Schriftsteller, der wie* von Helmholtz mit Begriffen operiert, ist in logischer Beziehung garnicht ernst zu nehmen.

Am Anfange seiner Einleitung hatte von Helmholtz behauptet, für die Herleitung der Erhaltung der Energie zwei Wege zu besitzen. Den einen, die Zerlegung aller Kräfte in Punktkräfte, haben wir jetzt kennen gelernt, und man muss sagen: sollte die Erhaltung der Energie wirklich auf den Sätzen seiner Einleitung beruhen, so müssten wir uns jeden Tag auf ihren Zusammenbruch gefasst machen. Denn dieselbe wäre dann auf einen logischen Sumpf gegründet, der jeden festbegrenzten klaren Gedanken verschlingt.

Man könnte nun geneigt sein, von Helmholtz mit seiner jugendlichen Unreife und der Schwierigkeit seines Unternehmens zu entschuldigen: und gewiss war letztere gross, und würde er irgend welche neuen und werthvollen Gedanken aussprechen, so wäre es nach meiner Meinung Pflicht des Kritikers, sie, wenn sie auch noch so wenig ausgeführt wären, nach bestem Vermögen von allen anhaftenden Schlacken zu befreien, damit sie unbehindert auf die Wissenschaft wirken könnten.

Ein solches Verfahren ist z. B. bei der Beurtheilung von Robert Mayer's genialen und fruchtbringenden Ideen unbedingt geboten: der Kritiker, der, wie von Helmholtz, sich ihnen verschliesst und nur die ihr Wesen nicht berührenden einzelnen Fehler hervorzuheben weiss, handelt verständnisslos oder böswillig.

Aber was lehrt uns denn eigentlich von Helmholtz in seiner »Einleitung«? Die Thatsache, dass die analytische Mechanik mit Punktkräften rechnet, wussten wir längst, und was er, um sie logisch abzuleiten, vorbringt, ist nichts als verworrenes Gerede.

Was ferner die jugendliche Unreife betrifft: welcher qualitative Unterschied ist denn zwischen den logischen Aeusserungen seiner »Einleitung« und denen der viel späteren Vorträge? Nach dem, was wir von den letzteren oben kennen gelernt haben, keiner: die einen, wie die anderen sind nichts als höchst verworren ausgesprochene Gemeinplätze.

Zwar habe ich nicht alle seine späteren sogenannten philosophischen Kundgebungen erörtert; da hier nur seine vermeintliche Deduktion der Erhaltung der Energie in Betracht kam. Aber wer über die fundamentalen logischen Fragen, auf die letztere führt, nichts Besseres zu sagen weiss, als die aus verschiedenen Schriften und verschiedenen Perioden stammenden Phrasen, die wir oben von von Helmholtz gehört haben, der hat, wie ich denke, seine logische Unzulänglichkeit bündig bewiesen.

Durch ihren sachlichen Werth können sie also die ausführliche Besprechung, die ihnen vorstehend, auf die Gefahr den Leser zu ermüden, zu Theil wurde, sicherlich nicht beanspruchen. Aber die geradezu unerhörte Reklame, die für die sogenannte Philosophie von von Helmholtz gemacht worden ist und z. Th. noch gemacht wird, nöthigte dazu, sie einmal etwas schärfer zu beleuchten. Haben doch strebsame Anhänger des berühmten Physikers der staunenden Welt verkündet, er sei in seinen logischen Untersuchungen über Kant hinausgegangen, während er, wie wir oben sahen, diesen garnicht begriffen und die lächerlichsten logischen Verwechselungen gemacht hat.

Auch Kant hat in seiner Schrift »Metaphysische Anfangsgründe der Naturwissenschaft« längst vor von Helmholtz die Prinzipien der Physik deduktiv behandelt, und auch dieser Versuch ist meiner Meinung nach, die ich an anderer Stelle zu begründen beabsichtige, misslungen; aber an wissenschaftlichem Werthe verhält er sich zu der »Einleitung« und allen anderen logischen Bemühungen von von Helmholtz wie eine kunstvolle Rede zu den ersten Sprechversuchen eines Kindes.

Doch das ist eine Thatsache, die Niemandem verborgen sein dürfte, der sich ernstlicher mit logischen Fragen beschäftigt und die darauf bezüglichen Aeusserungen von von Helmholtz geprüft hat. Diejenigen Naturforscher aber, die philosophischen Untersuchungen überhaupt abgeneigt sind — und deren Zahl ist noch immer beträchtlich — werden auch wenig oder nichts danach fragen, ob die Philosophie von von Helmholtz tiefsinnig oder seicht, folgerichtig oder verworren ist.

»Dergleichen«, so höre ich sie sagen, »ist eben nicht exakt zu machen, aber zweifellos hat von Helmholtz zuerst die Erhaltung der Energie in allen Zweigen der Physik mathematisch entwickelt, und ist demnach der wirkliche Begründer der Energetik.«

Ob diese Meinung berechtigt ist oder nicht, werden wir alsbald sehen, indem wir nun zu dem mathematisch physikalischen Theile der Abhandlung »Ueber die Erhaltung der Kraft« übergehen.

Das Prinzip von der Erhaltung der lebendigen Kraft.[1]

Der Satz von Carnot-Clapeyron. — Der Satz von der Erhaltung der lebendigen Kraft. — Aufzählung der Hypothesen von von Helmholtz.

Als zweiten Ausgangspunkt seiner Untersuchungen wählt von Helmholtz den Satz

> »dass es unmöglich sei, durch irgend eine Kombination von Naturkörpern bewegende Kraft fortdauernd aus nichts zu erschaffen.«

Diesen Satz hatten schon Carnot und Clapeyron auf die Wärmeerscheinungen angewendet.

> »Zweck der vorliegenden Abhandlung ist es, ganz in derselben Weise das genannte Prinzip in allen Zweigen der Physik durchzuführen, teils um die Anwendbarkeit desselben nachzuweisen in allen denjenigen Fällen, wo die Gesetze der Erscheinungen schon hinreichend erforscht sind, teils um mit seiner Hilfe, unterstützt durch die vielfache Analogie der bekannteren Fälle auf die Gesetze der bisher nicht vollständig untersuchten weiter zu schliessen und dadurch dem Experiment einen Leitfaden an die Hand zu geben.«

Von Helmholtz beginnt also seine Abhandlung ebenso wie deren Einleitung mit sehr grossen Versprechungen. Leider ist die Symmetrie zwischen beiden Theilen auch darin gewahrt, dass die Versprechungen der Abhandlung ebenso wenig erfüllt werden, wie die der Einleitung.

Zunächst Einiges über den Ausgangspunkt selbst.

[1]) S. 17—21.

Carnot und Clapeyron setzten in ihren Untersuchungen, auf die sich von Helmholtz bezieht, voraus, dass die Quantität der Wärme, wenn sie Arbeit leistet, unverändert erhalten bleibt, und nur ihre Arbeitskraft abnimmt. Unter Voraussetzung des Energiebegriffes könnte man also etwa sagen, sie fassten eine Wärmemenge nicht als Energie auf, sondern als Konstante im Ausdruck der letzteren. Von Helmholtz dagegen will im Folgenden gerade zeigen, dass die Quantität der Wärme Energie ist, und somit, wenn sie Arbeit leistet, verbraucht wird, oder sich, nach R. Mayer's Ausdruck, verwandelt.

Wenn er also den Satz der genannten beiden Forscher seiner Arbeit zu Grunde legen wollte, war er unbedingt wissenschaftlich verpflichtet, zu untersuchen, inwiefern derselbe von der veränderten Auffassung der Wärme berührt wird. Aber dieser Verpflichtung wird er sich nirgends bewusst: ein solches Verfahren bei der Legung der Fundamente ist denn doch nicht kritisch zu nennen.

Der erwähnte Satz ist auch nur ein sehr unvollkommener Ausdruck der Erhaltung der Energie. Es fehlen ihm eben noch die fundamentalen Begriffe der Energie und Aequivalenz der Energiewerthe, die erst R. Mayer aufstellte. So war es auch möglich, dass Clapeyron den wahren Zusammenhang zwischen Wärme und Arbeit in dem Carnot'schen Prozesse nicht erkannte.

Für von Helmholtz aber ist es charakteristisch, dass er erstens den Satz von Carnot-Clapeyron unter einer ganz anderen Voraussetzung über die Natur der Wärme anwendet, als sie jene Forscher machten, ohne sich darüber irgendwie zu rechtfertigen, und dass er zweitens demselben nur eine weitere Ausdehnung auf andere Gebiete der Physik ausser der Wärmelehre geben will, ohne ihn prinzipiell zu vertiefen und bestimmter zu fassen. Seine Unzulänglichkeit, eine Idee mit logischer Strenge zu entwickeln, bis er zu ihrer wahren Grundlage gelangt, macht sich also, wie in seiner Einleitung, auch hier schon wiederum sehr auffallend bemerkbar.

Zur Darstellung des mehrerwähnten Satzes denkt sich von Helmholtz ein System von Naturkörpern, die sich von einer Anfangslage aus durch die Einwirkung ihrer gegenseitigen

Kräfte bewegen und einen Kreisprozess beschreiben, durch den sie wiederum in die Anfangslage gelangen. Der Satz fordert dann, dass bei dem gesammten Vorgange Arbeit weder gewonnen noch verloren wird.

Diese Darstellung deckt sich aber nicht mit dem Dargestellten; denn aus dem angenommenen Vorgange würde nur folgen, dass in einem Kreisprozesse bewegende Kraft weder erschaffen noch zerstört wird, aber die Vorgänge, die sich, ohne Einführung neuer Körper, nicht zu Kreisprozessen ergänzen lassen, umfasst er nicht.

Ein solcher Vorgang ist z. B. die Ueberleitung von Wärme von einem wärmeren zu einem kälteren Körper. Durch die wechselseitigen Kräfte des aus beiden Körpern bestehenden Systems ist die übergeleitete Wärme nicht zurückzuführen, sondern es müssen dazu neue Körper in das System aufgenommen werden.

In seinem Aufsatze über »Robert Mayers Priorität«[1]) spricht sich von Helmholtz ausführlicher über die vorliegende Darstellung des Prinzips der Erhaltung der Energie aus. Danach soll letzteres aus der experimentell festgestellten Unmöglichkeit des Perpetuum mobile rein induktiv zu erschliessen sein. Hiergegen ist aber ausser dem soeben Bemerkten noch Weiteres einzuwenden. Erstens nämlich ist die Erhaltung der Energie kein rein induktiver Satz, und zweitens würde sie aus der experimentellen Unmöglichkeit des Perpetuum mobile doch nur für unsere Werkstätten und Laboratorien, nicht aber als ein die gesammte Natur beherrschendes Prinzip sich ergeben.[2])

Den analytischen Ausdruck des verallgemeinerten Satzes von Carnot-Clapeyron sieht nun von Helmholtz in dem Satz von den lebendigen Kräften, was wiederum ganz willkürlich ist. Denn um physikalische Kombinationen mittels des letzteren darzustellen, müsste er doch erst beweisen, dass sie rein mechanischen Kombinationen äquivalent sind: dieser Beweis ist aber eben dasjenige, was er in seiner Abhandlung zu leisten verspricht, und sogar mehr;

---

[1]) Vorträge und Reden, S. 63, Z. 19 v. u. ff.

[2]) M. vergl. hierüber meine bereits oben angeführte Schrift »Ueber den Beweis des Prinzips« u. s. w., S. 33 ff.

weil dazu das vollständige Prinzip der Erhaltung der Energie nothwendig wäre, und nicht bloss dessen dunkle von Carnot-Clapeyron ausgesprochene Vorahnung.

Ferner würde dem Satze der beiden Physiker bekanntlich jedes beliebige vollständige Differential genügen, und nicht bloss ein solches, wie es der Satz von den lebendigen Kräften erfordert, ein Umstand, der von Helmholtz auch in späteren Jahren, wie es scheint, nicht zum Bewusstsein gekommen ist, da er in seinen Anmerkungen völlig darüber schweigt.

In dem vorliegenden Kapitel hat also von Helmholtz bisher folgende teils unklare, teils willkürliche Behauptungen ausgesprochen:

1. Er identifiziert den Satz von Carnot-Clapeyron mit dem Satze, dass in einem Kreisprozesse Arbeit weder erschaffen noch zerstört werden kann.

2. Er behauptet, der Satz von den lebendigen Kräften sei der adäquate Ausdruck des Satzes von Carnot-Clapeyron.

3. Er setzt voraus, dass die physikalischen Kombinationen mechanischen äquivalent sind, was zu beweisen eben die Aufgabe seiner Abhandlung ist.

Um dann zu beweisen, dass der Satz von den lebendigen Kräften nur für Centralkräfte[1]) gilt, macht er noch folgende weitere Voraussetzungen:

4. Dass sämmtliche Kräfte sich in Punktkräfte zerlegen lassen.

5. Das Prinzip von der gleichen Aktion und Reaktion.

6. Das Prinzip der Addition der Kräfte.

7. Dass die Kraft zwischen zwei Punkten nur denselben Bedingungen unterliegt, wie die zwischen einer endlichen Masse und einem Punkte.[2])

Ueber 1, 2, 3, 4 haben wir oben zur Genüge gesprochen; 5, 6 sind rein mechanische Prinzipien, und es ist doch wirklich unerhört, dass er sie ohne ein Wort der Be-

---

[1]) d. h. für Kräfte, die zwischen zwei Punkten in der Richtung von deren Verbindungslinie wirken, und deren Intensität nur von der Entfernung abhängt.

[2]) S. 20, Z. 9 v. u. ff.

gründung glaubt auf physikalische Systeme übertragen zu dürfen.

Was 7. anbetrifft, so sieht man doch sofort, wie auch schon oben hervorgehoben wurde, dass Punktkräfte noch besonderen Bedingungen unterliegen können, die bei ihrer Addition zu endlichen Kräften herausfallen.

Hätte von Helmholtz diese Sätze ausdrücklich als Hypothesen ausgesprochen, statt sie teils stillschweigend einzuschwärzen, teils so kläglich zu begründen wie die Zerlegung der endlichen Kräfte in Punktkräfte,[1] so wäre das jedenfalls sehr viel wissenschaftlicher gewesen.

---

[1] Ueber die analytische Darstellung der Energie vergleiche m. unten S. 139 Anmerkung.

Das Prinzip von der Erhaltung der Kraft.[1])

Definition des Integals nach von Helmholtz. — Seine Berechnung der Arbeit.

Es bezeichne m einen Massenpunkt, der sich unter Einwirkungen von Kräften bewegt, die von einem Punkte a ausgehen; ferner seien x, y, z die rechtwinkligen Koordinaten von m, bezogen auf ein gegen a fest bestimmtes Axensystem; q dessen Tangentialgeschwindigkeit;

$$u = \frac{d\,x}{d\,t},\ v = \frac{d\,y}{d\,t},\ w = \frac{d\,z}{d\,t},$$

deren den Axen parallele Komponenten; und schliesslich X, Y, Z die Komponenten der wirkenden Kräfte.

Dann ist

$$d\,(q^2) = \frac{2\,X}{m}\,d\,x + \frac{2\,Y}{m}\,d\,y + \frac{2\,Z}{m}\,d\,z.^{2)}$$

Ist ferner φ die Intensität der Kraft in Richtung der Verbindungslinie r von m und a, die, wenn sie anzieht, positiv, wenn sie abstösst, negativ gesetzt werde; so ist

$$X = -\frac{x}{r}\,\varphi,\ Y = -\frac{y}{r}\,\varphi,\ Z = -\frac{z}{r}\,\varphi,$$

und aus der vorhergehenden Gleichung folgt

$$m\,d\,(q^2) = -\frac{2}{r}\varphi\,(x\,d\,x + y\,d\,y + z\,d\,z),$$

$$\tfrac{1}{2}\,m\,d\,(q^2) = -\varphi\,d\,r.$$

oder, zwischen den Grenzen Q, q bezw. R, r integrirt,

$$\tfrac{1}{2}\,m\,Q^2 - \tfrac{1}{2}\,m\,q^2 = \int_r^R \varphi\,d\,r,$$

---

[1]) S. 21 - 27.

[2]) Die Gleichung und die Definiton der Buchstaben sind von v. H. schon im vorigen Abschnitte gegeben.

Nun schreibt von Helmholtz:

»Um die Bedeutung der Grösse $\int_r^R \varphi \, d\, r$ zu finden, denken wir uns die Intensitäten von φ, welche zu verschiedenen Punkten der Verbindungslinie von m und a gehören, durch rechtwinklig aufgesetzte Ordinaten dargestellt: so würde die genannte Grösse den Flächeninhalt bezeichnen, den die Kurve zwischen den zu R und r gehörigen Ordinaten mit der Abscissenaxe einschliesst. *Wie man sich nun diesen Flächenraum als die Summe aller der unendlich vielen in ihm liegenden Abscissen vorstellen kann, so ist jene Grösse der Inbegriff aller Kraftintensitäten, welche in den zwischen R und r liegenden Entfernungen wirken.*

In dem letzten der angeführten Sätze ist, wie der Zusammenhang zeigt, statt »Abscissen« jedenfalls »Ordinaten« zu lesen.

Also nach von Helmholtz ist

1. ein Flächenraum gleich der Summe aller in ihm liegenden Abscissen (Ordinaten)! und

2. das Integral $\int_r^R \varphi \, d\, r$ gleich der Summe aller Werthe von φ zwischen R und r, d. h. gleich einer Summe von Differentialquotienten!

Jede Bemerkung ist hier überflüssig.

Er geht hierauf zu Punktsystemen über. Die Massenpunkte m_1, m_2, m_3 . . . bezeichnet er allgemein durch m_a und entsprechend die zugehörigen Grössen. Dann ist für einen einzelnen Punkt m_n

$$X_n = \sum \left[(x_a - x_n) \frac{\varphi_{an}}{r_{an}} \right] = m_n \frac{d u_n}{d t},$$

$$Y_n = \sum \left[(y_a - y_n) \frac{\varphi_{an}}{r_{an}} \right] = m_n \frac{d v_n}{d t},$$

$$Z_n = \sum \left[(z_a - z_n) \frac{\varphi_{an}}{r_{an}} \right] = m_n \frac{d w_n}{d t},$$

»wo das Summationszeichen Σ sich auf alle die Glieder bezieht, welche entstehen, wenn man nach einander für den Index a alle einzelnen Indices 1, 2, 3 etc. mit Ausnahme von n setzt.«

Indem er dann diese drei Gleichungen bezw. mit dx_n, dy_n, dz_n multipliziert, derartige Gleichungen für jeden einzelnen Punkt aufstellt, und sie sämtlich addiert, erhält er, bei Berücksichtigung der bekannten Beziehung

$$(x_a - x_b +)^2 (y_a - y_b)^2 + (z_a - z_b)^2 = r^2,$$

die Gleichung

$$-\sum \left[\varphi_{ab}\, dr_{ab}\right] = \sum \left[\tfrac{1}{2}\, m_a\, d\,(q_a{}^2)\right],$$

oder

$$-\sum \left[\int_{r_{ab}}^{R_{ab}} \varphi_{ab}\, d\, r_{ab}\right] = \sum \left[\tfrac{1}{2}\, m_a Q_a^2\right] - \sum \left[\tfrac{1}{2}\, m_a\, q_a^2\right] \text{(a).}$$

»*Die Glieder der Reihe links werden erhalten, wenn man erst statt* a *alle einzelnen Indices 1, 2, 3 u. s. w. setzt, und bei jedem einzelnen auch für* b *alle grösseren und alle kleineren Werte als* a *schon hat*«.[1])

Offenbar steht hiernach auf der linken Seite der Gleichung *das Doppelte der Arbeit,* und damit die Gleichung richtig wird, müsste ihre linke Seite mit $\frac{1}{2}$ multiplizirt werden.

In Betracht der ganz bestimmten Angabe über die Bedeutung der Indices a und b kann hierüber gar kein Zweifel bestehen. Auch in den übrigen Gleichungen des vorliegenden Kapitels kehrt derselbe Fehler wieder.

Wenn also von Helmholtz, allerdings mit Recht, R. Mayer den Vorwurf macht, die lebendige Kraft doppelt angesetzt zu haben, so konnte R. Mayer ebenfalls mit vollem Recht von Helmholtz den Vorwurf zurückgeben, die Arbeit doppelt berechnet zu haben.

In dem Kapitel über Elektrostatik werden wir Gelegenheit haben, die Potentialbestimmungen von von Helmholtz noch genauer kennen zu lernen.

In dem vorliegenden Abschnitte ist die Aufstellung der Funktion $\int \varphi\, d\, r$ zweckmässig, wenn ich auch die Bezeichnung »Quantität der Spannkräfte«, die von Helmholtz für sie gewählt hat, nicht für geeignet halte, da sie zu speziell ist.

Wie unzulänglich ist aber die mathematische Entwickelung! Eine Fläche soll aus der Summe ihrer Ordinaten bestehen, und in dem genannten Integral ist der Faktor $\frac{1}{2}$ vergessen.

---

[1]) S. 24, Z. 4 v. o. ff.

Die Anwendung des Prinzips in den mechanischen Theoremen.[1])

Aufzählung von Vorgängen, worin die Erhaltung der lebendigen Kraft bereits anerkannt war. — Allgemeine Muthmassungen.

Von Helmholtz führt zuerst Thatsachen an, für die man die Erhaltung der lebendigen Kraft, als er schrieb, bereits annahm, auf die wir daher hier nicht einzugehen brauchen.

Ueber die Vorgänge, wobei mechanische lebendige Kraft verloren geht, spricht er allgemeine Vermuthungen aus.

So vergleicht er z. B. die Wirkung des Sonnenlichtes auf Chlorknallgas mit derjenigen der katalytisch wirkenden Körper. Beide dürften jedoch sehr verschieden sein. Die katalytische Wirkung ist spezifisch chemisch und nicht unabhängig von der wirkenden Oberfläche; wogegen das Sonnenlicht die Energie des Chlorknallgases auslöst.

Für die Erhaltung der Energie hatte übrigens eine solche unbestimmte Vergleichung zweier unbekannter Vorgänge gar keinen Werth.

Weit nützlicher wäre es für deren Erkenntnis gewesen, wenn von Helmholtz die Natur der »Auslösung« untersucht hätte, wozu er hier Veranlassung nehmen konnte. Er begnügt sich jedoch mit der Bemerkung, dass das Sonnenlicht den »Anstoss« zu der chemischen Thätigkeit giebt, wobei man sich jetzt wohl etwas denken kann, was aber damals, als er schrieb, nichts besseres als eine leere Phrase war.

---

1) S. 27—31.

Kraftäquivalent der Wärme.[1])

Stoss und Reibung. — Wärmeäquivalent der Arbeit. — Arbeitsäquivalent der Wärme. — Wärme als Bewegung aufgefasst. — Chemische Wärme. — Erzeugung und Verschwinden von Wärme. — Was von Helmholtz als Herleitung des mechanischen Wärmeäquivalents bezeichnet. — Formeln von Clapeyron und Holtzmann. — Rückblick.

Die Wärmelehre war für die Einführung des Prinzips der Erhaltung der Energie ohne Zweifel bei Weitem am wichtigsten; an ihr werden daher die Leistungen unseres Autors am besten zu messen sein.

Er beginnt mit der Anführung des unelastischen Stosses und der Reibung, wobei man einen absoluten Verlust an mechanischer Kraft annahm, während nach ihm deren Aequivalent in der entstehenden Wärme, unter Umständen auch in der Erregung von Elektrizität, von Schall und in einer Vermehrung der Spannkräfte zu suchen ist.

Da von Helmholtz die ersten Arbeiten Joule's kannte, durch die die Aequivalenz von Reibungswärme und Arbeit, wenn auch nicht bewiesen, so doch als Problem formuliert wurde; so war in seinen Betrachtungen über Stoss und Reibung die Voraussetzung dieser Aequivalenz nicht originell: ihm eigenthümlich ist darin nur der Ausdruck »Vermehrung der Spannkräfte«, wofür andere Physiker damals etwa Vermehrung der Spannung gesagt hätten. Denn die Annahme, dass in den Körpern eine Spannung vorhanden sein kann, war bereits üblich.[2])

---

[1]) S. 31—41.

[2]) M. vergl. z. B. »mechanische Naturlehre« von Fischer, bearbeitet von August, Berlin. Nauk, 1840.

Diese etwas veränderte Bezeichnung, die er für den inneren Zustand der Körper wählt, ist aber mehr als eine blosse Wortänderung; vielmehr will er damit stillschweigend eine ganz bestimmte Hypothese einführen. Denn, wie wir oben sahen, stellte er den Ausdruck der Spannkräfte für Centralkräfte auf, indem er ihn auf die molekularen Vorgänge in den Körpern anwendet, behauptet er somit implicite, dass die Molekularkräfte Centralkräfte sind, was doch jedenfalls einer Begründung bedurfte. Die Molekularkräfte sind in messbaren Entfernungen Null: wie geht das zu, wenn ihre Intensität nur von der Entfernung abhängt? Die Erklärung, dass sie vorhanden sind, aber unmerklich schwach, ist doch nur ein Nothbehelf.

In einer Arbeit, worin von Helmholtz die Prinzipien der Physik festlegen wollte, musste er sich über diesen Punkt und andere jedenfalls äussern; nicht aber dem Leser zumuthen, die Molekularkräfte ohne Weiteres als Centralkräfte aufzufassen.

Wir haben hier wieder den von Helmholtz wie wir ihn in den früheren Abschnitten kennen lernten: die Hypothesen, worauf seine Theorie beruht, führt er nicht offenkundig als solche ein, was ja wissenschaftlich berechtigt sein könnte, sondern sie werden stillschweigend eingeschwärzt.

Er fragt nun, ob bei den genannten Vorgängen die Summe der erhaltenen Kräfte immer der verlorenen Arbeit entspricht,[1]) worin er, wie erwähnt, nicht originell war.

Finden keine anderen als mechanische und Wärmeänderungen statt, so ist die Frage zu stellen,

> »ob für einen gewissen Verlust an mechanischer Kraft jedesmal eine bestimmte Quantität Wärme entsteht, und inwiefern eine Wärmequantität einem Aequivalent mechanischer Arbeit entsprechen kann.«[2])

Zur Lösung des ersten Problems, der Bestimmung des mechanischen Wärmeäquivalentes, weiss er nur die ersten Versuche Joule's anzuführen, die er mit Recht für ungenügend erklärt. Er lässt es also auf dem Punkte, wo er es gefunden hat.

---

[1]) S. 32, Z. 3 v. u. ff.
[2]) S. 32. Z. 3 v. u. ff.

Ausführlich geht er auf das zweite Problem, die Entstehung von Arbeit aus Wärme, ein.

Zuerst sucht er zu beweisen, dass die Wärme eine Bewegung ist, zu welchem Zwecke er den Versuch Davy's über das Schmelzen von Eis durch Reibung, die Wärmeentwickelung bei der Entladung von Leydener Flaschen und den Versuch von Joule über die Entstehung von Wärme durch den magnetelektrischen Strom anführt.

Da dieselben nach von Helmholtz ergeben, dass die Quantität der Wärme absolut vermehrt werden kann, so schliesst er, dass sie kein Stoff, sondern eine Bewegung sein muss, und erklärt die sogenannte latente Wärme als innere Arbeit.

Das einzige, was man von diesen Ausführungen zunächst für sein Eigenthum halten könnte, wäre die Erklärung der latenten Wärme: doch auch sie kommt ihm nicht zu; da F. Mohr schon im Jahre 1837 dieselbe Auffassung ausgesprochen hatte.[1])

Wenn nun auch die vorstehend erwähnten Versuche die Annahme eines Wärmestoffes unwahrscheinlich machten, so folgte daraus noch nicht, dass die Wärme für eine Bewegung zu halten war, wie ich im ersten Theile dieser Schrift dargelegt habe.[2])

Aber wenn wir auch annehmen, sie erwiesen die Wärme als Bewegung, so stellten sie doch kein mechanisches Mass der Wärmebewegung fest. Der unbestimmte Satz: die Wärme ist eine Bewegung, ist nicht identisch mit dem Satze: eine Wärmemenge ist einer lebendigen Kraft äquivalent. Letzterer folgt vielmehr erst aus der Bestimmung des mechanischen Wärmeäquivalentes, die von Helmholtz bei seinen vorliegenden Aeusserungen nicht voraussetzen durfte, da er die ihm damals bekannten Versuche Joule's verwirft.

Er musste daher die Möglichkeit erwägen, ob nicht z. B. die Temperatur oder irgend eine andere Wärmefunktion

[1]) In »Ansichten über die Natur der Wärme«: Ann. d. Pharmacie Bd. 24, S. 141; wieder abgedruckt in F. Mohr, »Mechanische Theorie der chemischen Affinität«. Braunschweig, Vieweg, 1868. Die betreffende Stelle findet sich daselbst S. 41, Z. 12 v. o. ff.

[2]) S. 42 ff.

mechanischer Energie äquivalent ist. Er musste auch die allgemeine Frage stellen, ob überhaupt die Wärmebewegung auf Centralkräfte zurückzuführen sei, für die er ausschliesslich die Erhaltung der Energie formuliert hatte.

Aber von alledem geschieht nichts; wir sehen also auch hier wiederum, wie kritiklos er bei der Aufstellung der Prinzipien verfuhr.

Um alsdann die Art der Wärmebewegung zu bestimmen, macht er über molekulare Bewegungen eine Reihe zum Theil willkürlicher Voraussetzungen, worauf wir um so weniger einzugehen brauchen, als er schliesslich selbst äussert:

> »welcher Art aber diese Bewegungen seien, zu bestimmen, dazu fehlen uns alle Anhaltspunkte;«

doch hierüber macht er sich weiter keine Sorgen; denn er setzt sogleich hinzu:

> »auch ist für unseren Zweck die Einsicht der Möglichkeit hinreichend, dass die Wärmeerscheinungen als Bewegungen gefasst werden können.« [1])

So genügsam können wir aber doch nicht sein.

Unser Zweck ist, die Erhaltung der Energie nachzuweisen: identifizieren wir dieselbe nun, wie von Helmholtz mit der Auffassung der Wärme als Bewegung, so kann uns nicht die »Einsicht der Möglichkeit« dieser Auffassung genügen, sondern wir müssen die Einsicht ihrer Nothwendigkeit zu erlangen suchen.

Von Helmholtz geht freilich in seiner Genügsamkeit noch weiter; wenige Zeilen später schreibt er:

> *Die Erhaltung der Kraft würde bei dieser Bewegung so weit stattfinden, als bisher die Erhaltung der Quantität des Wärmestoffes erkannt ist,* nämlich bei allen Erscheinungen der Leitung und Strahlung aus einem Körper zu dem anderen, bei der Bindung und Entbindung von Wärme durch Aenderung des Aggregatzustandes.«

Also die Erhaltung der Energie reicht nicht weiter als die Erhaltung der Quanität des Wärmestoffes. Wozu denn aber die Mühe mit dem Wirbeln und Schwingen der

---

[1]) S. 36, Z. 18 v. o. ff.

Atome, wenn Erhaltung der Energie und Wärmestoff nichts als zwei verschiedene Annahmen sind, die gleich weit reichen, so dass es schliesslich Geschmackssache wäre, welche von beiden Auffassungen man wählt.

Man kann doch wirklich nicht sagen, dass von Helmholtz hier eine besonders tiefe Auffassung von der Erhaltung der Energie bekundet.

Ebenso seicht ist seine dann folgende Betrachtung der Wärmeentwickelung bei chemischen Vorgängen.[1]) Die Unhängigkeit der chemischen Wärme vom Wege des Vorganges konnte, für sich betrachtet, durch die Annahme erklärt werden, zur Konstitution der Körper gehöre eine bestimmte Menge latenten Wärmestoffes: *von Helmholtz stellt daher diese Annahme und die Erhaltung der Energie für die chemischen Vorgänge als gleichwerthige Hypothesen neben einander. Die Beziehungen der chemischen zu anderen Vorgängen, im Besonderen zu mechanischen, berücksichtigt er mit keinem Worte.*

Seichter konnte in der That die chemische Wärme nicht behandelt werden. Schon Rumford hatte fünfzig Jahre früher tiefer über sie nachgedacht, als hier von Helmholtz.

Ersterer hatte die Thatsache beobachtet, dass ein Geschütz, mit blinder Ladung abgefeuert, sich stärker erwärmt, als mit scharfer, und sie ganz richtig mit der verschiedenen Geschwindigkeit in Verbingung gebracht, die die aus dem Rohre tretenden Pulvergase in beiden Fällen besitzen.[2])

Dadurch machte er einen Anfang zur Erörterung der Beziehungen zwischen chemischen und mechanischen Vorgängen; ihm fehlte nur, um zur völligen Klarheit über die Sache zu gelangen, der Begriff der mechanischen Arbeit.

Von Helmholtz dagegen, dem er zur Verfügung stand, denkt nicht daran, sich die Frage vorzulegen, ob denn der latente chemische Wärmestoff und die Erhaltung der Energie noch als gleichartige Hypothesen neben einander zu stellen sind, wenn z. B. Pulvergase oder Knallgas Arbeit leistet.

---

[1]) S. 36, Z. 11 v. u. ff.

[2]) Berthold, Rumford, S. 42.

Hierauf lesen wir Folgendes:

»Ebensowenig als man die *Bedingungen und Gesetze der Erzeugung von Wärme untersucht hat, obgleich eine solche unzweifelhaft stattfindet,* ist dies für das Verschwinden derselben geschehen. Bisher kennt man nur die Fälle, wo chemische Verbindungen aufgehoben wurden, oder dünnere Aggregatzustände eintraten und dadurch Wärme latent wurde. Ob bei der Erzeugung mechanischer Kraft Wärme verschwinde, was ein notwendiges Postulat der Erhaltung der Kraft sein würde, ist noch niemals gefragt worden. Ich kann dafür nur einen Versuch von Joule anführen, der ziemlich zuverlässig zu sein scheint«.[1])

Der Versuch, den er darauf anführt, ist der bekannte über das Ausströmen von Luft in den lufterfüllten und den luftleeren Raum, wobei sie sich im ersten Falle abkühlt, im zweiten aber eine unveränderte Gesamttemperatur behält.

Dass die Luft bei ihrer Ausdehnung ohne Arbeit sich nicht abkühlt, hatte aber bereits Gay Lussac nachgewiesen, was von Helmholtz nicht wusste, wohl aber Robert Mayer; obgleich von Helmholtz sich mit ihm vergleichend, ihn als einen Mann charakterisiert,

»dem die Gelegenheit, den damaligen Inhalt der Wissenschaft kennen zu lernen, vielleicht knapper zugemessen war als mir . . .«[2])

Hiernach war also doch, wie es scheint, die Gelegenheit sich Kenntnisse in der physikalischen Litteratur zu erwerben in Heilbronn weit reichlicher zugemessen als in Potsdam, oder in der damals neu gegründeten physikalischen Gesellschaft zu Berlin.

Der unwissende R. Mayer hätte übrigens dem gelehrten von Helmholtz auch eine Thatsache mittheilen können, wonach bei Erzeugung mechanischer Arbeit Wärme verschwindet. Ersterer wusste nämlich, dass in der arbeitenden Dampfmaschine die von den Dämpfen aufgenommene Wärme-

---

[1]) S. 37, Z. 12 v. o. ff.

[2]) Vorträge und Reden I, S. 67, Z. 19 v. u.

menge grosser ist als die von ihnen bei ihrer Verdichtung abgesetzte.[1])

Von Helmholtz hätte also, indem er sich mit R. Mayer verglich, etwas mehr Selbstkritik üben sollen.

Aeusserst naiv sind auch in dem angeführten Absatze die ersten Worte. Danach sind zwar die Bedingungen und Gesetze der Wärmeerzeugung nicht untersucht, aber sie findet unzweifelhaft statt!

Nach von Helmholtz kann man also physikalische Thatsachen »unzweifelhaft« feststellen, ohne ihre Bedingungen und Gesetze zu untersuchen.

Das schreibt ein Physiker, der im Bewusstsein seiner vermeintlichen induktiven Makellosigkeit glaubte, den Hypothesenmacher R. Mayer abkanzeln zu dürfen.

Zum Schlusse hat uns unser Autor noch eine wirkliche Ueberraschung aufgespart. Er schreibt:

> »Wir haben jetzt noch zu untersuchen, in welchem Verhältnis die Versuche von Clapeyron und Holtzmann das Kraftäquivalent der Wärme herzuleiten, zu dem unsrigen stehen.[2])

Ich denke, jeder, der diese Worte liest, wird sich erstaunt fragen: wo hat denn von Helmholtz seinen Versuch, das Kraftäquivalent der Wärme herzuleiten, von dem er hier spricht, beschrieben?

Und wenn er dann den Abschnitt über die Wärme nochmals durchliest, und darin nichts anderes findet als wir gefunden haben, nämlich unbestimmtes Gerede über damals schon bekannte Thatsachen, so wird es ihm kaum fassbar sein, dass von Helmholtz dergleichen als einen Versuch zur Bestimmung des machanischen Wärmeäquivalentes bezeichnen konnte.

Und Clapeyron hat doch auch keinen Versuch zur Bestimmung dieser Konstanten gemacht.

Die physikalischen Vorstellungen von von Helmholtz erscheinen hier also gerade so nebelhaft wie seine logischen in der Einleitung waren.

---

1) M. vergl. oben S. 29 Anm.

2) S. 37, Z. 3 v. u. ff.

Clapeyron hatte für Gase die Formel aufgestellt:

$$C = \frac{v\,dq}{dv} - p\,\frac{dq}{dp},$$ [1]

worin d q die dem Gase zugeführte Wärme, v und p bezw. dessen Volumen und Druck bezeichnen.

Diesen Ausdruck setzt nun von Helmholtz hypothetisch gleich dem von Holtzmann gefundenen

$$\frac{p.\,v}{a} = \frac{v\,dq}{dv} - p\,\frac{dq}{dp},$$ [2]

worin a das machanische Wärmeäquivalent bedeutet, und erhält so

$$C = \frac{p.\,v}{a},$$

ein Resultat, das zuerst Joule vermuthet haben soll.[3]

Die Formel von Clapeyron ist aber, wie von Helmholtz bei Abfassung seiner Abhandlung wusste,[4] unter der Erhaltung der Energie widersprechenden Voraussetzung abgeleitet, dass die Wärme während sie Arbeit leistet, ihrer Quantität nach unverändert bleibt, und die Rechnungen von Holtzmann führen auch zu Widersprüchen mit dem genannten Prinzip, wie von Helmholtz später zugab.[5]

Stellen wir uns also auf den Standpunkt, den er bei Abfassung seiner Abhandlung einnahm, so hat er eine Formel, die auf Grund eines der Erhaltung der Energie widersprechenden Prinzips abgeleitet war, mit einer anderen verglichen, die auf diesem Prinzip beruhte.

Stellen wir uns dagegen auf seinen späteren Standpunkt, so hat er zwei Formeln miteinander verglichen, deren Voraussetzungen der Erhaltung der Energie widersprachen.

Beide Operationen konnten doch jedenfalls nichts zur Begründung der Erhaltung der Energie beitragen. Dazu hätte er die Formel von Clapeyron richtig ableiten müssen, was er aber nicht gethan hat.

---

1) S. 38.

2) S. 40.

3) Nach Rühlmann, Handbuch der mechanischen Wärmetheorie, Braunschweig, Vieweg, 1873, S. 402 a. E.

4) S. 33, Z. 15 v. u. ff.; S. 38, Z. 1 v. o. ff.

5) S. 90, a. Anf.

Das Kapitel über das Kraftäquivalent der Wärme macht den Eindruck eines Berichtes, der eine Uebersicht der damals in Bezug auf sein Thema bekannten Thatsachen geben soll. Neues aus eigenem Vorrat setzt sein Verfasser nicht hinzu. Die Idee der Aequivalenz von Wärme und Arbeit ist nicht sein Eigenthum, und ebensowenig das, was er über ihre thatsächliche Bestätigung mitteilt. Auch versteht er es nicht, aus den angeführten Thatsachen selbständige Schlüsse zu ziehen. So konnte ihn der Versuch von Gay Lussac auf die wichtigsen Folgerungen über die Natur der Gase führen; doch er weiss nichts damit zu machen, und beschränkt sich darauf, ihn unter Joule's Namen anzuführen.

Will man ihm die hypothetische Vergleichung der Formeln von Clapeyron und Holtzmann als Verdienst anrechnen, so ist das doch jedenfalls eine sehr mässige Leistung, die übrigens in der Art, wie er sie ausführt, für die Erhaltung der Energie ganz gleichgültig ist.

Und wenn wir auch auf eigene Leistungen unseres Berichterstatters verzichten, so kann doch seine Arbeit nicht befriedigen.

Denn erstens ist sie zu unvollständig. Die Untersuchungen Robert Mayer's, die unvergleichlich wichtigsten in dem Gebiete, wovon er eine Uebersicht geben will, lässt er, wie er später angiebt aus Unkenntnis, ganz unberücksichtigt.

Ebenso waren ihm, wie es scheint, Rumford's Arbeiten unbekannt geblieben, während Robert Mayer Gelegenheit gefunden hatte, von ihnen Kenntnis zu nehmen.[1]) Ferner erfasst er garnicht einmal die Bedeutung des Problems, worüber er berichten will.

Wenn jemand zu der Zeit, als die Abhandlung »Ueber die Erhaltung der Kraft« erschien, sich nur aus ihr über die Aequivalenz von Wärme und Arbeit belehrte, so mochte er diese für eine ganz »interessante« Hypothese halten, die in manchen Fällen besser, in anderen ebenso gut wie die ältere Auffassung der Wärme zu verwenden ist; aber es konnte ihm ganz verborgen bleiben, dass sie ein Fundamental-

[1]) M. vergl. Organische Bewegung S. 61, Z. 4 v. u.

prinzip der gesamten Naturerkenntnis ist: wurde es ihm klar, so war das sein eigenes Verdienst, nicht das von von Helmhotz.

Man könnte nun vielleicht die unsicher tastenden Aeusserungen des letzteren durch seine kritische Vorsicht erklären wollen; doch damit thäte man ihm sehr unrecht. Es kam ihm garnicht auf eine Hypothese an, wenn sie auch noch so gewagt war; vielmehr ist fast alles, was wir von ihm gehört haben, nichts als ein verworrener Knäuel von Hypothesen.

Der schwankende, unstäte Schritt, womit er das Gebiet der Wärmeerscheinungen durchwandert, erklärt sich daraus, dass er sein Ziel und den Weg, der dazu führt, gar nicht scharf erkennt. Daher die Verzettelung des Denkens an die molekularen Bewegungen, an die Clapeyron'sche Gleichung, was alles glücklicher Weise für die Aequivalenz von Wärme und Arbeit ganz gleichgültig ist.

Kraftäquivalent der elektrischen Vorgänge.[1])

Gewinn an lebendiger Kraft bei der wechselseitigen Neutralisation zweier geladener Leiter. — Anwendung auf die Entladung der Leydener Flasche. — Elektrische Fluida. — Rückblick.

Von Helmholtz wollte das Gesetz der elektrischen Wärmeentwicklung bestimmen, wozu er den Ausgleich der Elektrizität unter ganz besonderen Bestimmungen betrachtete.

Gegen seine darauf bezüglichen Potentialbestimmungen erhob Clausius Einwendungen, die von Helmholtz nicht als berechtigt anerkannte, wogegen Clausius sie aufrecht erhielt.

Da hiernach der Streit zwischen den beiden Physikern unentschieden erscheinen könnte, werde ich auf diese Potentialbestimmungen, unter Berücksichtigung der Bemerkungen von Clausius auch meinerseits genauer eingehen. Denn die Sache ist sowohl für die Beurtheilung der vorliegenden Abhandlung von von Helmholtz wie auch seines wissenschaftlichen Verhaltens überhaupt von grosser Wichtigkeit.

Es seien zwei Körper A und B gegeben; A enthalte ebenso viel positive wie B negative Elektrizität, und die Elektrizitäten beider Körper sollen sich gegenseitig ausgleichen, indem die Hälfte positiver Elektrizität von A nach B und die Hälfte negativer Elektrizität von B nach A fliesst.[2])

> »Nennen wir die Potentiale der Körper auf sich selbst W_a und W_b, das Potential derselben gegen einander V, so finden wir *(unter den hier gemachten Annahmen)* die ganze gewonnene lebendige Kraft, wenn wir das Potential der übergehenden elektrischen

---

1) S. 41—46.

2) S. 42, Z. 13 v. u. ff.

Massen vor der Bewegung gegen jede der andern Massen und auf sich selbst abziehen von denselben Potentialen nach der Bewegung. Dabei ist zu bemerken, dass das Potential zweier Massen sein Zeichen wechselt. Es kommen also in Betracht folgende Potentiale:

1. des bewegten $+ \frac{1}{2}$ E aus A
   - gegen sich selbst $\frac{1}{4}(W_b - W_a)$ (α)
   - gegen das bewegte $- \frac{1}{2}$ E $\frac{1}{4}(V - V)$ (β)
   - gegen das ruhende $+ \frac{1}{2}$ E $\frac{1}{4}(-V - W_a)$ (γ)
   - gegen das ruhende $- \frac{1}{2}$ E $\frac{1}{4}(-W_b - V)$ (δ)
2. des bewegten $- \frac{1}{2}$ E aus B
   - gegen sich selbst $\frac{1}{4}(W_a - W_b)$ (α)
   - gegen das bewegte $+ \frac{1}{2}$ E $\frac{1}{4}(V - V)$ (β)
   - gegen das ruhende $- \frac{1}{2}$ E $\frac{1}{4}(-V - W_b)$ (γ)
   - gegen das ruhende $+ \frac{1}{2}$ E $\frac{1}{4}(-W_a - V)$ (δ)

Summe $-\left(V + \frac{W_a + W_b}{2}\right)$

Diese Grösse giebt uns also das Maximum der zu erzeugenden lebendigen Kraft und die Quantität der Spannkraft an, welche durch das Elektrisieren gewonnen wird.«[1])

Gegen diese Potentialbestimmungen wendete nun Clausius ein, von Helmholtz habe das Potential und somit auch die Arbeit einer Masse auf sich selbst doppelt so gross gesetzt als sie in Wahrheit sind, auch sei die gesonderte Aufführung der Potentiale V des bewegten $+ \frac{1}{2}$ E aus A gegen das bewegte $- \frac{1}{2}$ E aus B (Formel 1 (β)) und des bewegten $- \frac{1}{2}$ E aus B gegen das bewegte $+ \frac{1}{2}$ E aus A (Formel 2 (β)) ein Fehler, der sich freilich aus dem Endresultate heraushebe.[2])

Auf dem ersten Einwand antwortete von Helmholtz, er habe zwischen Potential und Arbeit einer Masse in Bezug

---

[1]) Die in ( ) kursivgedruckten Worte sind ein späterer Zusatz. Die griechischen Buchstaben habe ich, um leichter auf die einzelnen Ausdrücke verweisen zu können, zugesetzt.

[2]) Der Streit wurde in Pogg. Ann. geführt. Die Antworten von von Helmholtz sind wieder abgedruckt S. 75, 76 ff., woselbst auch die Stellen der Einwendungen von Clausius angeführt sind. M. s. auch S. 93 Anmerk.

auf sich selbst unterschieden und ersteres als das Doppelte der letzteren angenommen. Unter Voraussetzung dieser Definitionen seien seine Formeln streng richtig. Später habe er sich dem zweckmässigeren Gebrauche anderer Autoren angeschlossen.

Auf den zweiten Einwand antwortet er garnicht.

Clausius hebt dagegen nochmals hervor, von Helmholtz habe nicht nur der doppelten Grösse der Arbeit den Namen Potential gegeben, sondern seiner ganzen bezüglichen Darstellung liege auch die irrige Ansicht zu Grunde, »dass diese doppelte Grösse der Ausdruck der gethanen Arbeit und daher das Maass der dabei möglicherweise zu erzeugenden lebendigen Kraft sei«. Zum Beweise zeigt er, dass die Formeln von von Helmholtz falsch werden, wenn die zwischen A und B übergehenden Elektrizitätsmengen nicht mehr, wie letzterer voraussetzt, + $^1/_2$ E und — $^1/_2$ E betragen.

Nun erwidert von Helmholtz, Clausius habe ihn vollständig missverstanden, seine Formeln seien nicht allgemein, sondern gerade für den besonderen von ihm betrachteten Fall aufgestellt, wogegen Clausius nochmals hervorhebt, die Potentialbestimmung von von Helmholtz habe »nur durch den zufälligen Umstand, dass er sich auf die Betrachtung eines sehr einfachen speziellen Falles beschränkt hat, zu einem richtigen Resultate geführt«.

Hierauf antwortet von Helmholtz überhaupt nicht mehr.

Seine Vertheidigung macht, auch wenn man seine Angaben als richtig hinnehmen wollte, einen sehr ungünstigen Eindruck. Denn es ist in der That ein höchst seltsames Verfahren, wenn er an einer Stelle, wo er Vorgänge von fundamentaler Bedeutung mathematisch darstellen will, Potentialbestimmungen giebt, die nur für ganz bestimmte Werthe richtig sind, und die somit nur die Geltung von ganz beschränkten empirischen Formeln haben.

Und warum übergeht er die doppelte Ansetzung des Potentials V ganz mit Stillschweigen?

Man könnte geneigt sein, sie für ein Versehen zu halten, was jedoch nicht berechtigt wäre.

Vielmehr lässt sich bestimmt nachweisen, dass von Helmholtz *erstens nicht nur das Potential einer Masse auf sich selbst, sondern auch die entsprechende Arbeit ganz allgemein doppelt berechnet, und dass er zweitens auch ein endliches Potential zweier Massen auf einander ganz widersinnig in ein Potential der ersten auf die zweite und der zweiten auf die erste zerlegt.*

Zum Beweise der ersten Behauptung brauche ich nur an den mathematischen Ausdruck der Erhaltung der Kraft zu erinnern, den er in dem davon handelnden Kapitel entwickelt hat. In der dort aufgestellten allgemeinen Gleichung zwischen Arbeit und lebendiger Kraft ist erstere irrthümlich doppelt berechnet.[1])

Die zweite Behauptung wird sich bestätigen, indem wir nach einander seine einzelnen Potentialbestimmungen prüfen. Nach den besonderen Voraussetzungen, die von Helmholtz annimmt, muss man sich vorstellen, jedes Element der ursprünglich auf den Körpern A und B befindlichen Elektrizitäten, deren Quantitäten entgegengesetzt gleich und gleich vertheilt sind, werde in zwei Hälften zerlegt, wovon die eine in Ruhe bleibt, die andere auf den anderen Körper übergeht, und dort die Stelle der in entgegengesetzter Richtung übergegangenen Elektrizität einnimmt.

Das Potential W_a das die ursprünglich auf A vorhandene Quantität E auf sich selbst besitzt, ist nun gleich der Summe der Potentiale

1) des ruhenden $+ {}^1/_2$ E auf sich selbst,
2) des bewegten $+ {}^1/_2$ E „ „ „
3) des bewegten $+ {}^1/_2$ E und des ruhenden $+ {}^1/_2$ E aufeinander.

Diese Zerlegung ist jedenfalls richtig, gleichgültig ob das Potential das Doppelte der Arbeit bezeichnet, oder ihr gleich ist.

Die Potentiale unter 1) und 2), von denen von Helmholtz nur das zweite in dem obigen Schema aufführt, sind unter den von ihm angenommenen Voraus-

[1]) Man vergl. oben S. 100 die Glg. (a) und den darauf folgenden kursiv gedruckten Satz.

setzungen gleich; bezeichnet man jedes von ihnen mit P und das Potential unter 3) mit Π, so ist zu Anfang des Vorgangs

$$W_a = P + P + \Pi. \quad \ldots\ldots\ldots \quad (1)$$

Am Ende des Vorganges, nach dem Ausgleich der Elektrizität, bleibt das Potential 1) unverändert; an Stelle von 2) und 3) treten bezw. die Potentiale

2*) des nach A übergegangenen — $^1/_2$ E auf sich selbst,

3*) des nach A übergegangenen — $^1/_2$ E und des ruhenden + $^1/_2$ E aufeinander.

Es ist aber das Potential unter 2*) gleich dem unter 2) und das unter 3*) entgegengesetzt gleich dem unter 3). Ferner muss das Potential der nach dem Ausgleich auf A befindlichen Elektrizität gegen sich selbst gleich Null sein. Bezeichnet man es mit W*, so erhält man als notwendige Bedingung der Neutralisation

$$W^* = P + P - \Pi = 0. \quad \ldots\ldots\ldots \quad (2)$$

Von Helmholtz setzt nun $P = {}^1/_4 W_a$ [1(α)]; folglich muss am Ende des Vorgangs das Potential, das das bewegte, übergegangene — $^1/_2$ E und das ruhende + $^1/_2$ E auf einander besitzen, d. i. $-\Pi = -{}^1/_2 W_a$ sein.

Dieser Wert findet sich in seinem Schema nicht; dagegen enthält es ein Potential des bewegten — $^1/_2$ E gegen das ruhende + $^1/_2$ E gleich $-{}^1/_4 W_a$ [2 (δ)].

Von Helmholtz *zerlegt also thatsächlich das Potential, das das bewegte — $^1/_2$ E und das ruhende + $^1/_2$ E auf einander besitzen, in ein Potential des bewegten — $^1/_2$ E auf das ruhende +, $^1/_2$ E und in einen zweiten ihm gleichen Theil.* Letzterer kann, wenn man seine Formeln [1 (β), 2 (β)] berücksichtigt, nichts anderes sein als das Potential des ruhenden + $^1/_2$ E auf das bewegte — $^1/_2$ E.

Ganz dasselbe gilt selbstverständlich auch für das Potential zwischen dem bewegten + $^1/_2$ E und dem ruhenden — $^1/_2$ E, und ebenso auch für die Potentiale zwischen den bewegten und den ruhenden $^1/_2$ E gleichen Vorzeichens [1 (γ), 2 (γ)]; da diese sich von dem vorher genannten nur durch ihr Vorzeichen unterscheiden können.

Für die Berechnung der lebendigen Kraft aber kommen die vollständigen Potentiale zwischen den einzelnen Massen in Betracht; setzten wir daher letztere in das Potentialschema ein, so sind die einzelnen darin aufgeführten Potentialwerte zu verdoppeln und wir erhalten die Summe $-(2V + W_a + W_b)$, die jedenfalls nach den von von Helmholtz für die Potentiale gewählten Bezeichnungen das Doppelte des richtigen Wertes ist, gleichgiltig ob das Potential einer Masse auf sich selbst die Arbeit oder ihrer doppelten Wert bedeuten soll.

Von Helmholtz fährt dann fort: »Um nun statt diese Potentiale geläufigere Begriffe einzuführen, brauchen wir folgende Betrachtung«.[1])

Dass ihm die Potentiale nicht geläufig waren, zeigt das Vorstehende allerdings zur Genüge; aber die »folgende Betrachtung«, wobei er die Niveauflächen verwendet, ist ihm, wie wir sehen werden, ebensowenig geläufig.

> »Bezeichnet C_a die lebendige Kraft, welche die Einheit der positiven Elektrizität gewinnt bei ihrem Uebergange von der Oberfläche des Leiters A in unendliche Entfernung, so dass C_a für positive elektrische Ladungen positiv ist, A_a das Potential derselben Elektrizitätsmenge, wenn sie sich in einem bestimmten Punkte der Oberfläche von A befindet gegen A, A_b dasselbe gegen B, W_a das Potential von A auf sich selbst, W_b dasselbe von B, V das von A auf B, und Q_a die Quantität der Elektrizität in A, Q_b in B: so ist die lebendige Kraft, welche das elektrische Teilchen e bei seinem Übergange aus unendlicher Entfernung auf die Oberfläche von A gewinnt:
>
> $-e\,C_a = e\,(A_a + A_b)$«[2]) . . . . (a)

Durch Summation aller zu den einzelnen e gehörigen Potentialwerte erhält er hieraus für den Leiter A

$$-Q_a C_a = V + W_a; \qquad \text{(b)}$$

für den Leiter B

$$-Q_b C_b = V + W_b, \qquad \text{(c)}$$

und indem er die Quantitäten positiver bezw. negativer

[1]) S. 43, Z. 17 v. o. ff.

[2]) S. 44, Z. 8 v. o. ff.

Elektrizität, die die Leiter enthalten, unter sich gleich setzt, die Quantität der Spannkräfte gleich

$$-\left(V + \frac{W_a + W_b}{2}\right) = Q\left(\frac{C_a - C_b}{2}\right)^{1)} \quad . \; . \; . \; . \; . \quad \text{(d)}$$

C_b soll nun negativ und somit die Differenz $C_a - C_b$ gleich ihrer absoluten Summe sein.

Hierin fällt sofort ein Vorzeichenfehler auf.

Die linke Seite der Gleichung (d) ist durch Addition der rechten Seiten der Gleichungen (b) und (c) und Multiplikation mit $-\,^1/_2$ entstanden; also muss die rechte Seite der Gleichung (d) in derselben Weise aus den linken Seiten von (b) und (c) gebildet werden.

Es ist aber, wenn $Q_a = Q_b = Q$ gesetzt wird,

$$-\,^1/_2\,(-\,QC_a - QC_b) = -\,^1/_2\,(2\,V + W_a + W_b),$$

oder

$$-\left(V + \frac{W_a + W_b}{2}\right) = Q\left(\frac{C_a + C_b}{2}\right); \quad . \; . \; . \quad (d^*)$$

wogegen in der Gleichung (d) von von Helmholtz rechts die Differenz $C_a - C_b$ steht. Da nun C_b negativ sein soll, so kommt auf die rechte Seite der berichtigten Gleichung (d) die Differenz $C_a - C_b$ und nicht, wie er will, die absolute Summe zu stehen.

Ferner definiert von Helmholtz, wie wir oben lasen, C_a als »die lebendige Kraft, welche die Einheit der positiven Elektrizität gewinnt bei ihrem Uebergange von der Oberfläche des Leiters A in unendliche Entfernung«, und setzt es positiv; hiernach ist C_b, das er nicht definiert, die lebendige Kraft, die die Einheit der negativen Elektrizität gewinnt bei ihrem Uebergange von dem negativ geladenen Körper B in unendliche Entfernung. Diese darf aber nicht negativ angenommen werden, wenn C_a positiv gesetzt wird; denn sonst müssste auch das Potential W_b des negativen Körpers B auf sich selbst [Gleichung (c)] das entgegengesetzte Vorzeichen erhalten, wie das Potential W_a des positiven Körpers A auf sich selbst [Gleichung (b)]; während doch die Potentiale einer positiven und einer negativen Elektrizitätsmenge auf sich selbst dasselbe Vorzeichen haben müssen.

---

[1]) S. 45, Z. 10 v. o.

Ueberdies finden wir in (b) und (c) wiederum das Potential V doppelt angeführt, und wie Gleichung (d) zeigt, wirklich doppelt angerechnet, was uns nach den früheren Erfahrungen nicht mehr wundern kann.

Die Gleichung (d) wendet von Helmholtz auf die Entladung der Leydener Flasche an, wobei er $C_b = 0$ setzt, sodass der Zeichenfehler und die doppelte Anrechnung des Potentials V nicht zur Geltung kommen, was aber doch keine Entschuldigung für die prinzipiell verworrene Ableitung der Gleichung sein kann.

Eine Bestätigung der Erhaltung der Energie konnte diese Anwendung wegen der Unzulänglichkeit des experimentellen Materials nicht geben, sondern sie konnte nur als ein Versuch gelten, durch das bereits als feststehend angesehene Prinzip die Auffassung des einzelnen Vorganges zu bestimmen.

Schliesslich sei noch hervorgehoben, dass von Helmholtz elektrische Fluida annimmt, einfach, weil sie für die mathematische Theorie der Elektrizität brauchbar sind; obwohl er sich so entschieden für die mechanische Auffassung der Wärme aussprach. Weil sich durch Reibung ein und desselben Körpers unbegrenzte Mengen Wärme erzeugen lassen, schliesst er, die Wärme müsse eine Bewegung sein. Ebenso lassen sich aber auch durch Reibung ein und desselben Körpers unbegrenzte Elektrizitätsmengen erhalten, indem man dem geriebenen Körper die Elektrizität entzieht und ihn wieder elektrisirt. Doch das beachtet von Helmholtz weiter nicht, weil sich mit den elektrischen Fluida rechnen lässt. Für von Helmholtz war überhaupt die Wahrheit oder Wahrscheinlichkeit einer allgemeinen Hypothese erwiesen, wenn sie eine brauchbare Grundlage für die Berechnung der Naturvorgänge giebt: eine sehr seichte Naturauffassung. Denn es lassen sich ganz methaphysische Voraussetzungen aufstellen, die doch zur Ableitung der analytischen Formeln sehr geeignet sind: es ist eben zu beachten, dass die analytische Darstellung eines Naturvorganges nicht immer und nicht in ihrem ganzen Verlaufe dessen getreues Spiegelbild zu sein braucht.

Als Nothbehelf wird ja eine unphysikalische selbst unlogische Voraussetzung der Rechnung unter Umständen angenommen werden müssen; doch bleibt es höchst gefährlich. Denn sie wird, wenn sie sich bewährt, unvermerkt das Ansehen einer realen Thatsache gewinnen, und an ihre logische und physikalische Prüfung wird nicht weiter gedacht. Die Fernkräfte waren früher dafür ein recht auffallendes Beispiel; jetzt allerdings beginnt man ihren Widersinn zu erkennen.

Robert Mayer dagegen verwirft ausdrücklich die elektrischen Fluida; er war denn doch ein zu klarer Geist, um die Materialität der Wärme zu leugnen und die der Elektrizität anzunehmen.[1])

Die Annahme magnetischer Fluida war noch eher berechtigt, als die der elektrischen; da sich der Magnetismus von dem magnetischen Körper nicht ableiten und folglich nicht mittels desselben in unbegrenzten Mengen erzeugen lässt.

Ziehen wir nun das Resultat des elektrischen Kapitels, so ist es folgendes: Höchst verworrene Potentialbestimmungen werden auf einen Fall angewendet, für dessen Prüfung alle Vorbedingungen fehlen; eine tiefere originale Auffassung der Elektrizität wird vollständig vermisst.

Hiernach folgt in der Abhandlung von von Helmholtz der Galvanismus; es scheint jedoch zweckmässig, zunächst den Magnetismus und Elektromagnetismus anzuschliessen, für die er ebenfalls Potentiale aufstellt.

---

[1]) M. vergl. Organische Bewegung S. 71—74.

Kraftäquivalent des Magnetismus und Elektromagnetismus.[1])

Magnetisierung eines Eisenstückes durch einen unveränderlichen Stahlmagnet. — Elektromagnetische Potentialbestimmungen. — Rückblick.

Von Helmholtz setzt bei seinen magnetischen Potentialbestimmungen vollkommen weiches Eisen und unveränderliche Stahlmagnete voraus, und entnimmt ohne weitere Begründung aus dem elektrostatischen Kapitel seiner Abhandlung die Formel

$$V + \tfrac{1}{2} (W_a + W_b) \quad \ldots\ldots \quad (a)$$

Die verworrene und fehlerhafte Ableitung, die er dort für letztere gab, suchte er gegen die Einwendungen von Clausius durch das Vorgeben zu rechtfertigen, diese Ableitung gelte nur für die besonderen von ihm angenommenen Bedingungen, wodurch ein Fall von Elektrizitäts-Bewegung »mit Verteilungsänderung auf einen ohne Verteilungsänderung zurückgeführt« werde. Wie wir aber sahen, war seine angebliche Rechtfertigung nichts als eine leere Ausflucht. Wer daran noch zweifeln wollte, kann sich hier nochmals von der Berechtigung dieses Vorwurfes überzeugen. Denn bei der von von Helmholtz betrachteten Magnetisierung eines weichen Eisensückes durch einen Stahlmagnet und der Annäherung beider Körper bis zur vollständigen gegenseitigen Bindung ihrer Magnetismen findet doch »Verteilungsänderung« statt. Also seine Erwiderung gegen Clausius war eine leere Ausflucht. Wer aber trotz alledem das nicht wollte gelten

---

[1]) S. 58—65.

lassen, müsste annehmen, unser Autor habe Potentiale, die er seiner eigenen Angabe nach nur unter ganz besonderen Voraussetzungen aufstellte, plötzlich allgemein angewendet. Jedenfalls also steht fest, von Helmholtz führt für seine Potentiale nichts an, was als eine Begründung derselben angenommen werden könnte. An die Stelle kritischer Erörterung der Fundamentalbestimmungen hat er ein blosses Herumraten gesetzt.

Wie für die Bewegung der Elektrizität stellt von Helmholtz auch für die des Magnetismus Gleichungen zwischen den lebendigen Kräften und der Arbeit auf; doch sind auch hier wiederum gegen seine Schlussfolgerungen wesentliche Einwendungen zu erheben.

Er findet

> »den Gewinn C an lebendiger Kraft für die Einheit der Quantität des als positiv bezeichneten Magnetismus bei dem Uebergange von der Oberfläche des Eisens in unendliche Entfernung gegeben durch die Gleichung
>
> $$-QC = V + W_a.\text{«} \quad . \quad . \quad . \quad . \quad (b)$$

Da nun jeder Magnet soviel nördlichen wie südlichen Magnetismus enthält, so soll Q in jedem gleich Null sein und für ein Eisen- oder Stahlstück, dessen Magnetismus vollständig durch den Magneten B gebunden wird, soll folglich

$$V = -W_a \quad . \quad . \quad . \quad . \quad . \quad . \quad (c)$$

sein.[1])

Wir wollen davon absehen, dass die von von Helmholtz geforderte vollständige Bindung der Magnetismen durch gegenseitige Annäherung der Körper unmöglich ist, indem sich die Körper dazu gegenseitig durchdringen müssten, was auch als Grenzfall nicht angenommen werden darf, und nur Folgendes hervorheben.

1. Da eine ebensolche Gleichung wie (b) auch für den negativen Magnetismus aufzustellen wäre, so begegnen wir auch hier wiederum wie in der Elektrostatik der falschen Verdoppelung des Potentials V.

---

1) S. 60, 3).

2. Für die Einheit des auf dem Eisenstück A vorhandenen positiven Magnetismus bezeichne

V' das Potential auf den Stahlmagnet B,

U' das Potential auf den negativen Magnetismus von A,

W' das Potential auf den positiven Magnetismus von A;

so ist unter den allgemeinen Voraussetzungen von von Helmholtz der Gewinn an lebendiger Kraft für die Einheit des positiven Magnetismus, wenn sie von der Oberfläche des Körpers A in unendliche Entfernung übergeht, gegeben durch die Summe

$$V' + U' + W', \qquad (1)$$

die von Null verschieden ist.

Bezeichnen ferner V'', U'', W'' die analogen Potentiale für die Einheit des auf A enthaltenen negativen Magnetismus, so ist für dieselbe der entsprechende Gewinn an lebendiger Kraft gleich der Summe

$$V'' + U'' + W''. \qquad (2)$$

In dem vorliegenden Falle ist nun jedenfalls absolut genommen

$$V' = V'', \; U' = U'', \; W' = W''; \qquad (3)$$

aber nach den Gesetzen der Potentialtheorie hat offenbar auch das Potential V' dasselbe Vorzeichen wie V'', und ebenso stimmen danach U' und U'', W' und W'' in Bezug auf ihre Vorzeichen überein: folglich gelten die Gleichungen (3) auch mit Berücksichtigung des Vorzeichens, und die Addition der Summen (1) und (2) kann somit nicht Null ergeben.

Hiernach scheint es nicht notwentig auf die weiteren Folgerungen einzugehen, die von Helmholtz aus seinen vorstehend erörterten Potentialbestimmungen zieht.

Bei seiner Aufstellung der elektromagnetischen Potentiale hat er, wie bekannt, die Aenderungen der Potentiale, die die wirkenden Körper auf sich selbst besitzen, nicht berücksichtigt.

Erinnern wir uns nun an die Einwendungen, die oben gegen seine elektrostatischen Potentiale zu erheben waren, so müssen wir sagen:

von Helmholtz giebt in seiner Abhandlung »Ueber die Erhaltung der Kraft« auch nicht eine einzige reinliche Potentialbestimmung.

Galvanismus.[1])

Kontaktkraft. — Konstante Ketten. — Polarisation. — Thermoströme. — Rückblick.

Die Stromenergie fordert ein Aequivalent, das, nach Ausschluss anderer, nur durch die chemischen Vorgänge geliefert werden kann; die sogenannte Kontaktkraft kann nur das elektrische Gleichgewicht herstellen, und ist daher auf die Stellen zu beschränken, wo Leiter erster Klasse einander berühren.

Diese durch die Erhaltung der Energie gegebene Bedingung setzt von Helmholtz richtig auseinander.

Für die vermeintliche Kontaktkraft giebt er dann folgende Erklärung, die auch jetzt noch vielfach als richtig gilt.

> »Es lassen sich nämlich offenbar alle Erscheinungen in Leitern erster Klasse herleiten aus der Annahme, dass die verschiedenen chemischen Stoffe verschiedene Anziehungskräfte haben gegen die beiden Elektrizitäten, und dass diese Anziehungskräfte nur in unmittelbar kleinen Entfernungen wirken, während die Elektrizitäten auf einander es auch in grösseren thun. Die Kontaktkraft würde demnach in der Differenz der Anziehungskräfte bestehen, welche die der Berührungsstelle zunächst liegenden Metallteilchen auf die Elektrizitäten dieser Stelle ausüben, und das elektrische Gleichgewicht eintreten, wenn ein elektrisches Teilchen, welches von dem einen zum anderen über-

[1]) S. 46—58.

geht, nichts mehr an lebendiger Kraft verliert oder gewinnt.«[1])

Diese Annahme ist aber doch nicht so einleuchtend wie von Helmholtz glaubt.

Er hatte sich die Aufgabe gestellt, sämtliche Naturerscheinungen auf Centralkräfte zurückzuführen; somit war er zu dem Nachweis verpflichtet, dass die Kräfte, die er hier einführt, sich als Centralkräfte darstellen lassen. Doch darüber schweigt er vollständig; also auch hier wiederum soll eine Hypothese eingeschwärzt werden. Wir wollen sehen, ob sie zuzulassen ist.

Bei der Annahme der Kontaktkraft wird vorausgesetzt, dass jedes Metall in neutralem Zustande gleich viel positive und negative Elektrizität enthält. Berühren sich zwei Metalle, so soll das eine die positive, das andere die negative Elektrizität auf sich herüberziehen, bis zwischen den elektrischen Kräften und denen der Massenelemente gegen die Elektrizitäten Gleichgewicht eingetreten ist.

Wenn auf diese Weise eine elektrische Ladung der beiden Metalle zu Stande kommen soll, muss die Kontaktkraft, wie es auch geschieht, jedenfalls so verstanden werden, dass ein und dasselbe Metall die beiden Elektrizitäten, absolut genommen, ungleich stark anzieht, und nicht etwa so, dass das eine Metall beide Elektrizitäten zwar mehr oder weniger als ein anderes Metall, aber, dem absoluten Betrage der Kraft nach, gleich stark anzieht, weil sonst eine elektrische Ladung nicht zu Stande käme.

Denn berühren sich z. B. Zink und Kupfer, so wird Zink positiv und Kupfer negativ. Würde nun Zink beide Elektrizitäten mit gleicher absoluter Kraft und z. B. stärker als Kupfer anziehen, so würde es dem Kupfer gleichviel positive und negative Elektrizität entziehen und neutral bleiben.

Des Folgenden wegen schien es mir zweckmässig, diesen Punkt ausdrücklich hervorzuheben.

Wenn nun aber ein Metall eine ihrem absoluten Betrage nach ungleiche Anziehung auf die beiden Elektrizitäten äusseren soll, so müsste es eine solche auch auf die beiden

[1]) S. 48, Z. 14 v. o. ff.

Elektrizitäten äusseren, die es selbst in neutralem Zustande enthält. Denn die Annahme, dass das Zink z. B. die positive und die negative Elektrizität anderer Metalle ungleich anzieht, nicht aber die eigene, wäre sinnlos.

Hieraus folgt jedoch, wie sich zeigen lässt, dass jedes Metall sich für sich selbst, ohne Berührung mit einem anderen, laden müsste.

Bezeichnet e ein positiv elektrisches, m ein Massenelement, r den Abstand beider, c eine Konstante, so würde die Anziehungskraft zwischen beiden, als Centralkraft aufgefasst, die Form

$$\frac{c. e. m}{r^n}, \quad \ldots \ldots \ldots \quad (1)$$

haben, worin n eine sehr grosse positive Zahl sein müsste; da die Kraft nur auf unmessbar kleine Entfernungen wirken könnte.

Die Anziehnngskraft zwischen sämtlichen Massenelementen eines Metallstückes und einer endlichen positiven Elektrizitätsmenge E würde man hieraus erhalten, indem man jedes m mit sämtlichen e kombiniert, jede Kombination durch das dazu gehörige r^n dividiert, und sämtliche Kombinationen summiert. Wir wollen die so erhaltene Summe durch den Ausdruck

$$c \sum \frac{e\, m}{r^n} \quad \ldots \ldots \ldots \quad (2)$$

darstellen.

Hierin sind drei Gruppen von Gliedern zu unterscheiden.

1) Die Glieder, worin r^n eine gewisse obere Grenze k überschreitet, so dass ihre Summe verschwindend klein ist. Dieser Fall kann z. B. eintreten für die Anziehungen zwischen den auf der Oberfläche des Metallstücks befindlichen elektrischen Elementen e und den Massenelementen m in seinem Inneren, oder für die e und die m, die an der Oberfläche in einem gewissen Abstande von einander liegen.

2) Die Glieder, worin $r^n < k$ aber endlich bleibt.

3) Die Glieder, worin r^n unendlich klein wird.

Die Summen der unter 1) und 2) genannten Glieder ergeben, addiert, eine bestimmte Grösse, zweifelhaft dagegen ist das Verhalten der dritten Gruppe.

In der Potentialtheorie wird allerdings gezeigt, dass das Potential endlich bleibt, wenn ein angezogener Punkt in der anziehenden Masse liegt; aber der dort angewendete Beweis verliert hier seine Kraft, da $n > 2$ anzunehmen wäre.

Wird aber die Summe der in 3) angeführten Glieder unendlich gross, so ist das ein wesentlicher Einwand gegen die angenommene Anziehungskraft. Diese kann jedoch auch dann nicht bestehen, wenn hiervon abgesehen wird; es werde also angenommen, dass die Summe (2) einen bestimmten Wert hat.

Die Anziehungskraft der Metallmasse gegen die auf ihr befindliche negative Elektrizität würde ebenfalls der Form (2) entsprechen; nur wäre sie mit dem entgegengesetzten Vorzeichen zu versehen, und der konstante Faktor müsste einen anderen Wert erhalten; da das Metall die beiden Elektriziverschieden anziehen soll.

Ist nun das Metall elektrisch neutral, so ist auf jedem seiner Massenelemente gleichviel positive und negative Elektrizität vorhanden; wir erhalten somit unter dieser Voraussetzung für die Anziehung zwischen der Masse und der negativen Elektrizität, vom Vorzeichen abgesehen, genau dieselben einzelnen Quotienten wie in (2), multipliziert mit einer neuen Konstanten c'.

Die gesamte Anziehung der elektrisch neutralen Masse gegen die auf ihr enthaltene positive und negative Elektrizität erhielte demnach den Ausdruck

$$(c - c') \sum \frac{m\,e}{r^n};$$

d. h. es wäre in dem neutralen Körper eine Kraft zwischen den Massenelementen und deren positiver oder negativer Elektrizität wirksam, je nachdem $(c - c') \gtrless 0$ ist. Folglich müsste auf der Masse eine elektrische Bewegung stattfinden, wodurch beide Elektrizitäten ungleich verteilt werden, und der Körper sich ladet.

Wollte man der Allgemeinheit wegen annehmen, dass die Anziehung der Massenelemente auf die negative Elektrizität den Nenner r^m hat, wobei $m \gtrless n$ sein kann, so erhielte man statt der vorstehenden die Formel

$$c \sum \frac{m\,e}{r^n} - c' \sum \frac{m\,e}{r^m} = \sum m\,e \left(\frac{c}{r^n} - \frac{c'}{r^m} \right);$$

da die einzelnen m e für beide Elektrizitäten, absolut genommen, gleich sein müssten.

Die in den ( ) stehende Differenz ist aber von Null verschieden, und folglich gilt derselbe Schluss wie vorhin.

Die Annahme einer als Centralkraft gedachten Anziehung zwischen Masse und Elektrizität ist also ganz unhaltbar.

Man könnte nun, um der vorstehenden Folgerung zu entgehen, besondere Bedingungen für die angenommene Anziehung aufzustellen suchen. Man könnte z. B. annehmen wollen, dass sie erst bei der Berührung verschiedenartiger Metalle wirkt u. A. m. Aber alle solche Auswege kommen doch darauf hinaus, dass man die angebliche Anziehung nicht nur von der Entfernung, sondern auch noch von anderen Bedingungen abhängen lässt, wodurch sie authören, Centralkräfte zu sein.

Die Behauptungen, die von Helmholtz aufstellt, sind, kurz wiederholt, die folgenden:

1. Sämtliche Kräfte sind Centralkräfte.

2. Jeder Körper enthält in elektrisch neutralem Zustande gleich viel, in gleicher Weise verteilte, positive und negative Elektrizität.

3. Jedes Metall besitzt gegen die entgegengesetzten Elektrizitäten ihrem absoluten Werte nach verschieden grosse Anziehungskräfte.

Unter diesen Voraussetzungen ergeben sich aber die obigen Einwendungen mit Notwendigkeit.

Man wird daher die elektrische Differenz zwischen den sich berührenden Metallen als die Wirkung molekularer lebendiger Kräfte auffassen müssen.

Nach der Erörterung der Kontaktkraft betrachtet von Helmholtz die galvanischen Ketten ohne Polarisation.

Für dieselben reproduziert er zuerst die Gesetze von Ohm und Lenz und vergleicht dann die Stromwärme mit der chemischen.

Es sei A die elektromotorische Kraft eines Elementes der Kette, n die Anzahl der Elemente, J die Stromstärke, die in der Zeiteinheit ein Aequivalent Wasser zersetze, W der Widerstand, t die Zeitdauer des Stromes, so ist

$$J^2 Wt = n A J t.$$

Ist ferner (a_z — a_c) die Differenz der chemischen Wärmen für ein Aequivalent des positiven und des negativen Metalls, so wird die chemische Wärme gleich

$$n J t (a_z - a_c).$$

> »Die chemische *würde* also der elektrischen gleich sein, *wenn*
>
> $$A = a_z - a_c,$$
>
> d. h. *wenn* die elektromotorischen Kräfte zweier so kombinierten Metalle dem Unterschied der bei ihrer Verbrennung und Verbindung mit Säuren zu entwickelnden Wärme proportional *wären.*«[1])

Gegen diese hypothetische Gleichsetzung beider Wärmegrössen wäre ja nichts einzuwenden. Bestimmteres konnte von Helmholtz damals nicht angeben. Aber es berührt doch höchst seltsam, dass sich die hypothetische Annahme drei Seiten später in ein apodiktisches Urteil verwandelt hat. Denn daselbst lesen wir:

> »Die durch den Strom erzeugte Wärme *muss* gleich sein der durch den chemischen Prozess zu erzeugenden.«[2])

Diese Vertauschung der Mutmassung mit der Gewissheit, ohne dass irgend welche neue Thatsachen hinzukommen, die sie rechtfertigen könnten, ist für unseren Autor sehr charakteristisch.

Die Ketten mit Polarisation teilt von Helmholtz in solche ein,

> »welche blos Polarisation und keine chemische Zersetzung hervorbringen, und solche, welche beides bewirken«.

Die angebliche Polarisation ohne chemische Zersetzung hält er für eine »Herstellung des elektrischen Gleichgewichtes der Flüssigkeitsteilchen mit den Metallen«.[3])

---

1) S. 50, Z. 3 v. u. ff.

2) S. 53, vorletzte Z.

3) S. 52, Z. 12 v. u. ff. m. vergl. auch S. 56, Z. 16 v. u. ff.

Diese Annahme einer galvanischen Polarisation ohne chemische Zersetzung ist zweifellos grundfalsch; von Helmholtz hat sich jedoch auch in späterer Zeit nicht von ihr frei gemacht, indem er ein Voltameter, das durch einen Strom mit schwacher elektromotorischer Kraft polarisiert ist, als einen Kondensator auffassen wollte.[1])

Zwischen einem Voltameter und einem Kondensator besteht aber ein fundamentaler Unterschied. Durch Einschaltung eines Kondensators wird der Widerstand in einem Stromkreise unendlich, während die Potentialdifferenz der Kette ungeändert bleibt. Dagegen wird durch ein polarisiertes Voltameter eben diese Potentialdifferenz verringert.

Die weitere Untersuchung dieser Frage würde zu weit in das Gebiet der Stromtheorie führen und muss daher hier unterbleiben.

Thermoelektrische Ströme.[2]) — Von Helmholtz erkennt, was kaum zu verfehlen war, dass die Thermoströme in naher Beziehung zn dem Peltier'schen Phänomen stehen; aber die Formel, die er für sie aufstellt, bewährt sich nicht.

In einem Strome von der Intensität I, in dessen Leitungsdraht ein Stück eines anderen Metalles eingelötet ist, seien in den Lötstellen q' und q'' die entwickelten bezw. verbrauchten Wärmemengen; t' und t'' die Temperaturen, die von einem willkürlichen Nullpunkte gerechnet werden; — $B_{t'}$ und $B_{t''}$ die elektromotorischen Kräfte, so soll nach von Helmholtz

$$(B_{t'} - B_{t''})\, J = q' - q''$$ [3])

sein, und diese Formel nimmt er auch für die Thermoströme an, worin q' und q'' die von aussen zugeführten bezw. entzogenen Wärmemengen bezeichnen würden.

Setzt man aber $q' = q''$, so wäre die linke Seite dieser Gleichung Null; es wäre also keine thermoelektrische Kraft vorhanden, wenn in der einen Lötstelle ebensoviel Wärme verbraucht wie in der anderen gewonnen würde.

---

[1]) M. vergl. seine Abhdl. »Ueber die Polarisation in gasfreien Flüssigkeiten«, Pogg. Ann. 150, S. 483—495.

[2]) S. 57 u. 58.

[3]) S. 58.

Dieser Fehler entsteht dadurch, dass die elektromotorischen Kräfte $B_{t'}$ und $B_{t''}$ mit entgegengesetzten Zeichen eingeführt sind. Allerdings ist die elektromotorische Kraft in der kalten Lötstelle an sich derjenigen in der warmen Lötstelle entgegengesetzt; aber beide sind in den Strom in entgegengesetztem Sinne eingeschaltet, und müssen somit gleiche Vorzeichen erhalten.

Ferner verschliesst sich von Helmholtz den Weg zu einer richtigen Erörterung der Thermoströme, indem er auch hier nicht die Möglichkeit erwägt, dass ein Teil der Wärme unverwandelt bleibt. Er setzt vielmehr die Stromwärme ohne weiteres gleich der chemischen,[1]) und nimmt an, dass die elektromotorischen Kräfte $B_{t'}$, $B_{t''}$, die in einem Hydrostrome in Folge des Peltier'schen Phänomens entstehen, in gleicher Stärke erhalten werden, wenn in einem Thermostrome von derselben Intensität derselben Lötstelle die Wärmemengen q', q'' von aussen zugeführt bezw. entzogen werden.

Um aber in beiden Fällen dieselben elektromotorischen Kräfte zu erhalten, müssten die Temperaturen (t', t''), und somit auch die Wärmemengen (q', q'') in dem Thermostrome andere Werte haben als bei dem Peltier'schen Phänomen. Denn die in dem Thermostrome den Lötstellen von aussen zugeführten und entzogenen Wärmemengen sind nicht vollständig verwandelbar; dagegen sind bei dem Peltier'schen Phänomene die in den Lötstellen entwickelten und verbrauchten Wärmemengen Teile der Stromarbeit, und die nicht verwandelbare Wärme besteht in diesem Falle in der Differenz zwischen der chemischen und der Stromwärme.

Von Helmholtz schreibt in seiner »Erwiderung auf die Bemerkungen von Hrn. Clausius« selbstbewusst: »In der Theorie des Galvanismus muss ich die Einwürfe von Clausius erwarten«.[2])

Nun, Einwürfe sind genug dagegen zu erheben: die von ihm angenommenen Anziehungen zwischen Elektrizitäten und

[1]) S. 57, Z. 5 v. u. ff.
[2]) S. 90, Z. 14 v. o. ff.

Massen widersprechenden Centralkräften, worauf er doch alle Kräfte zurückführen wollte, seine Vorstellungen über die galvanische Polarisation sind thatsächlich falsch, und ebenso die Gleichsetzung der chemischen Wärme mit der Stromarbeit, und die Formel für Thermoströme.

Man muss also sagen: nichts von seinen galvanischen Theorien hat Bestand, und da er auch neue experimentelle Thatsachen nicht anzugeben weiss, so beschränken sich seine Leistungen im »Galvanismus« auf einige missglückte Hypothesen.

Schlusswort.

Von Helmholtz unternahm es, die Erhaltung der Energie in allen Gebieten der Physik mathematisch darzustellen. Diese Aufgabe zerfiel naturgemäss in zwei Teile. Der eine umfasste die Gebiete, worin die Potentialtheorie bereits eingeführt war, d. i. Mechanik, Elektrizität, Magnetismus und Elektromagnetismus; der andere Wärme und Galvanismus. Wir wollen nun einen kurzen Rückblick auf seine oben erörterten Leistungen in diesen Gebieten werfen.

In der Mechanik führt er die Arbeit in den Satz von der Erhaltung der lebendigen Kraft ein; aber seine Darstellung ist mathematisch ganz ungenügend.

In der Elektrostatik und im Magnetismus waren klar durchgeführte Potentialbestimmungen von typischer Bedeutung für das neue Prinzip zu verlangen. Doch von Helmholtz selbst weiss in seinem Streite mit Clausius seine elektrostatischen Potentialbestimmungen nur dadurch zu verteidigen, dass er behauptet, sie seien nur für einen ganz besonderen Fall aufgestellt.

Welche Armut verrät es aber, zum Fundament der Wissenschaft statt des allgemeinen Gesetzes, das den einzelnen Fall in sich schliesst, einen ganz speziellen Ausdruck desselben zu wählen. Und wie wir sahen ist auch der nicht einmal richtig abgeleitet.

Seine elektrostatischen Potentialbestimmungen überträgt er dann auf den Magnetismus und giebt ihnen daselbst ohne weitere Begründung eine viel allgemeinere Geltung als sie seinen eigenen Angaben nach haben sollen, wozu noch wesentliche Fehler durch falsche Bestimmung der Vorzeichen hinzukommen.

Bei der Darstellung der elektromagnetischen Vorgänge lässt er wesentliche Potentiale ganz unberücksichtigt.

Den ersten Teil seiner Aufgaben hat er also jedenfalls sehr ungenügend gelöst.

Um ferner die Erhaltung der Energie auf die Wärmeerscheinungen anzuwenden, nimmt von Helmholtz nicht nur an, dass die Wärme Bewegung sei, sondern auch, dass sie denselben allgemeinen Bedingungen genügt, wie die wahrnehmbaren Bewegungen. Irgend einen Versuch zur Begründung seiner Voraussetzungen macht er nicht, und er vermag auch nicht mittels seiner Hypothesen zu irgend welchen neuen bestimmten Resultaten zu gelangen; sondern er beschränkt sich auf »unbestimmt allgemeine« Aeusserungen.

Das Prinzip der Energieerhaltung hat daher in der Wärmelehre von von Helmholtz nur die Bedeutung einer Hypothese, die derjenigen von der Stofflichkeit der Wärme koordiniert ist, so dass es im Belieben eines jeden stände, je nachdem es ihm zweckmässig scheint, die eine oder die andere vorzuziehen.

Im Galvanismus hatte von Helmholtz eine sehr günstige Gelegenheit, theoretische Initiative zu beweisen: die Gesetze von Ohm und Lenz boten sich ihm als ein völlig vorbereitetes geeignetes Material zur Anwendung der Potentialtheorie dar, und die Beziehungen zwischen chemischer Wärme und Stromarbeit konnten ihn zu der fundamentalen Frage anregen, ob eine Wärmemenge sich vollständig in Arbeit verwandeln lässt. Aber er weiss von dem Allen keinen Gebrauch zu machen, und sieht die Erhaltung der Energie nur in der vermeintlichen Gleichheit von chemischer Wärme und Stromarbeit.

So bleibt denn auch sein »Galvanismus« nur eine Kompilation, die von dem Prinzip der Energieerhaltung nicht durchdrungen wird, sondern im Grunde dagegen indifferent ist.

Den zweiten Teil seiner Aufgabe hat er somit um nichts besser gelöst als den ersten.

Wir müssen also sagen: von Helmholtz hat die Versprechungen, die er am Anfange seiner Abhandlung machte[1])

[1]) M. vergl. oben S. 93.

durchaus nicht erfüllt. Er hat die Erhaltung der Energie weder in den damals bekannten Thatsachen als das fundamentale Gesetz nachgewiesen, noch auch auf Grund derselben der experimentellen Forschung einen »Leitfaden an die Hand« gegeben.

Welchen Leitfaden könnte man wohl auch aus seinen unbestimmten Bemerkungen über die Wärme entnehmen? Und in welch eine unfruchtbare Wüste seine galvanischen Vorstellungen führen, das zeigen seine eigenen späteren Untersuchungen.

Ueberhaupt hat er weder damals noch später die Bedeutung des Prinzips von der Erhaltung der Energie wirklich erfasst. Er sieht darin nichts als eine Verallgemeinerung des Satzes von der Erhaltung der lebendigen Kraft[2]); dieser ist aber eine Identität, und um sie auf die verschiedenartigen Naturerscheinungen anwenden zu können, sucht er diese mittels Hypothesen auf gleichartige zurückzuführen, und das Grundprinzip der neueren Physik erscheint somit auch wiederum nur als eine Hypothese.

Gleichwohl soll nicht bestritten werden, dass die Abhandlung »Ueber die Erhaltung der Kraft« zur Zeit ihres Erscheinens anregend wirken konnte, weil sie eine Anzahl wichtiger Probleme berührt. Aber die Behandlung keines einzigen derselben kann einigermassen befriedigen; auch wenn man den Zeitverhältnissen gebührend Rechnung trägt. Stets ist die Kraft von von Helmholtz schon erlahmt, wenn die eigentliche Arbeit erst beginnen müsste.

Ein Vergleich zwischen von Helmholtz und Robert Mayer muss hiernach sehr zu Ungunsten des ersteren ausfallen.

Beide gelangten von der Physiologie aus zu ihren energetischen Untersuchungen.

Aber der Anfang ihrer Wege zeigt sogleich die grössere geistige Ursprünglichkeit Mayer's.

Während dieser nämlich von eigenen Beobachtungen ausging, wurde von Helmholtz durch Liebig's Arbeit

---

2) H. v. Helmholtz, Vorträge und Reden, Braunschweig 1884, I S. 67, Z. 13 v. o. ff.

»Ueber die thierische Wärme« angeregt, wie sein »Bericht über die Theorie der physiologischen Wärmeerscheinungen« zeigt.

Beide suchen auch das neue Prinzip logisch abzuleiten; aber diese Ableitung ist bei von Helmholtz nur so zu sagen ein Beiwerk; er glaubt, dass sich das Prinzip rein induktiv entwickeln lässt; wogegen Mayer erkennt, dass es eine notwendige Wurzel in der Logik hat. Dieser tieferen Auffassung entsprechend ist Mayer's logische Ableitung, wenn auch hypothetisch, so doch höchst fruchtbar und originell, während von Helmholtz nichts vermag als Gedanken Kant's zu verderben.

Die Ableitung, die dann Mayer für seine »Fallkraft« giebt, kann allerdings nicht befriedigen; indessen ebenso wenig befriedigt die analytische Darstellung der Erhaltung der Energie, durch von Helmholtz, wobei er die Arbeit doppelt berechnet.

Doch welch ein gewaltiger Unterschied ist zwischen den Leistungen beider in der Wärmelehre, dem für das neue Prinzip wichtigsten Gebiete!

Der Abschnitt über die Wärme in Robert Mayer's Abhandlung über »Die organische Bewegung« ist ein monumentales Kunstwerk, das noch heute nichts von seiner Wirkung eingebüsst hat.

Klar hat er das Ziel, seine geniale Bestimmung des mechanischen Wärmeäquivalentes, vor Augen, und mit bewundernswerter logischer Energie schreitet er zu ihm vor.

Ihm bleibt auch die nur unvollständige Verwandelbarkeit der Wärme in Arbeit nicht verborgen.

Von Helmholtz dagegen, in dem »Kraftäquivalent der Wärme«, schwankt zwischen Hypothesen herum: logische Entwickelung fehlt vollständig, und seine Auslassungen könnten ebenso wohl mit dem beginnen, womit er endigt, wie mit dem, womit er anfängt.

In den übrigen Gebieten der Physik tritt von Helmholtz viel gelehrter auf als Robert Mayer; aber der Erfolg seiner Gelehrsamkeit ist gleich Null. Wir erhalten da eine Anzahl prinzipiell falscher Potentialbestimmungen, und unhaltbarer Vorstellungen: das ist alles. Diese müssen umgestossen werden, während die einfachen Umrisse, die Robert Mayer giebt, sehr wohl ausgefüllt werden können.

Nehmen wir einmal an, Mayer's Abhandlung über »Die organische Bewegung« und die von von Helmholtz »Über die Erhaltung der Kraft« kämen auf die Nachwelt, ohne dass die Zeit ihres Entstehens zu ermitteln wäre.

Aus inneren Gründen könnte man alsdann Mayer's Abhandlung für die spätere halten.

Man würde ihn für einen sehr genialen Mann erklären, der in der Physik seine Aufmerksamkeit besonders auf die Wärmeerscheinungen richtete; weil er deren hervorragende Wichtigkeit für die Energetik erkannte, und der die noch unklaren, schwankenden Vorstellungen seines Vorgängers von Helmholtz meisterhaft vervollkommnet hat, indem er sich von den veralteten unnützen Hypothesen, womit letzterer seine Auslassungen belastet hatte, frei machte.

Es ist demnach auch durchaus unberechtigt zu sagen, von Helmholtz habe die Erhaltung der Energie in die Wissenschaft eingeführt.

Entdeckt hat er sie nicht, und ebenso wenig das mechanische Wärmeäquivalent, und seine Versuche, sie in den einzelnen Gebieten der Physik nachzuweisen, vermochte er nicht zu klaren, bleibenden Resultaten zu entwickeln. Man kann nur sagen, von Helmholtz habe die Erhaltung der Energie als einer der Ersten nach Robert Mayer ausgesprochen, und habe sich bemüht, sie mathematisch zu entwickeln, was wohl zu loben war, wozu aber freilich seine Kraft nicht ausreichte.

Überdies ist die Methode, wonach er seinen Gegenstand behandelt, eine schablonenhaft konventionelle; er ist gleichsam ein wissenschaftlicher Manierist.

Auch in seinen späteren Untersuchungen über den sogenannten zweiten Hauptsatz erweist er sich als ein nach der Schablone verfahrender Nacharbeiter, wie ich an anderer Stelle darthun werde.

Robert Mayer dagegen hat, ein zweiter Galilei, die Methode der Naturforschung geläutert, indem er darauf drang, Erscheinungen nur durch Erscheinungen zu erklären, und alle sogenannten Erklärungen aus letzten Ursachen, aus dem was hinter den Erscheinungen steht, und ähnliche Schemen, wie sie der Scholastiker von Helmholtz liebte, als untauglich und schädlich entschieden verwarf.

Er hat in seinen eigenen Untersuchungen ein glänzendes Beispiel für die Fruchtbarkeit seiner Methode gegeben, indem er durch sie zu tiefer Einsicht in die Verwandlungen der Kraft gelangte.

Diese hat er in den Gebieten der eigentlichen Physik, in der Physiologie und in der kosmischen Physik in mehr oder weniger ausgeführten Skizzen nachgewiesen, die eine Reihe sehr wertvoller Gedanken enthalten, vor allem aber seine geniale Bestimmung des mechanischen Wärmeäquivalentes, durch die er das Hauptgesetz der mechanischen Wärmetheorie feststellte.

Robert Mayer hat also in Wahrheit das Prinzip von der Erhaltung der Energie nicht nur entdeckt, sondern es auch wissenschaftlich begründet.

Anmerkung
über die analytische Darstellung der Energie.[1])

Da die Arbeit von sogenannten Kräften, die dem Gesetze Newton's folgen, zur Erklärung vieler Erscheinungen, wie z. B. der chemischen, nicht ausreicht, so hat man in neuerer Zeit Kräfte einzuführen gesucht, die noch von anderen Grössen als von Massen und Entfernungen abhängen, und man will die Berechtigung hierzu erweisen, indem man anführt, dass das Prinzip der Erhaltung der Energie nur die Darstellung der Energie durch vollständige Differentiale bedingt, ohne vorzuschreiben, von welchen Veränderlichen letztere abhängen sollen.

Das ist richtig, wenn die Betrachtung auf Körpersysteme beschränkt wird, worin nur Aenderungen einer Energieform vorkommen. Sobald man aber die Tragweite von Robert Mayer's Prinzip der Kraftverwandlung genügend berücksichtigt, zeigt sich, dass dadurch die analytische Darstellung der Energie vollständig bestimmt wird.

Es bezeichne W eine mechanische Energie, die durch eine Funktion F der Massenpunkte $m_1, m_2, \ldots m_n$ und deren auf ein festes rechtwinkliges System bezogene Koordinaten $x_1, y_1, z_1; x_2, y_2, z_2; \ldots x_n, y_n, z_n$ dargestellt sei, so dass

$$W = F(m_1, m_2, \ldots m_n; x_1, y_1, z_1; x_2, y_2, z_2; \ldots x_n, y_n, z_n)$$

ist.

Ferner bezeichne Q irgend eine nicht mechanische Energieform, die durch eine Funktion Φ gewisser Veränderlicher v, w, . . . n gegeben sei, so dass

---

[1]) m. vergl. meine Abhd. in Elektrochem. Zeitschrft. 1897, 11, S. 239.

$$Q = \Phi\,(v, w, \ldots n)$$

ist. Sind dann Φ_1 und Φ_2 zwei bestimmte Werte von Φ, so lassen sich zufolge der Aequivalenz aller Energieformen auch zwei Werte F_1, F_2 bestimmen, so dass, wenn c eine Konstante bedeutet,

$$F_2 - F_1 = c\,(\Phi_2 - \Phi_1)$$

ist. Demnach ist

$$F_2 - c\,\Phi_2 = F_1 - c\,\Phi_1,$$

oder bei geeigneter Wahl der Einheiten

$$F_2 - \Phi_2 = F_1 - \Phi_1.$$

Da aber diese Gleichung für ganz beliebige F_2 und Φ_2 gilt, so ist allgemein

$$F = \Phi + \text{Const.}$$

Folglich sind auch die Ableitungen und Differentiale der Funktionen F und Φ einander gleich, und beide Funktionen hängen somit von denselben Veränderlichen ab, und sind überhaupt bis auf eine Konstante einander gleich. Letztere aber fällt bei den Aenderungen der Funktionen zwischen bestimmten Grenzen, die, wie in der vorstehenden Abhandlung (S. 22, Z. 10 v. u. ff.) gezeigt wurde, streng genommen erst die wirkliche Energie darstellen, fort.

Also sind *sämtliche Energieformen und ebenso die Kräfte sämtlicher Energieformen durch dieselben Funktionen darzustellen wie die mechanische Energie und die mechanischen Kräfte.*

Zusätze.

Einleitung[1]. — v. Helmholtz versucht, das Prinzip der Erhaltung der Energie deduktiv aus dem Kausalgesetze abzuleiten und es daneben auch auf den Satz von der Unmöglichkeit des Perpetuum mobile zu gründen, der nach ihm rein induktiv sein soll.

Dieser Versuch einer derartigen doppelten Ableitung ist aber, ganz abgesehen von seiner Ausführung, an sich fehlerhaft. Denn ist das Prinzip aus dem Kausalgesetze abzuleiten, so besitzt es logische Nothwendigkeit und kann nicht auf rein induktiver Grundlage erhalten werden, da rein induktiven Sätzen nur Thatsächlichkeit, nicht Nothwendigkeit zukommt. Ein rein induktiv erhaltenes Prinzip würde also in Wahrheit nicht dasselbe sein wie ein logisch deduktiv abgeleitetes. Ersteres würde nur wahrscheinlich und annähernd gelten, wie z. B. das Mariotte'sche Gesetz, während für letzteres, die erwähnt, Nothwendigkeit in Anspruch zu nehmen ist.

Eine andere Frage ist es freilich, ob nicht das Prinzip sowohl in der Logik, wie in der Erfahrung wurzelt, indem eine abstrakte Form desselben aus dem Kausalgesetze folgt, die ihren konkreten Inhalt erst durch die Erfahrung erhält. Dieses Verhältnis ist nach der Meinung des Verfassers, die er vorläufig in einer kleinen Schrift dargelegt hat, das richtige[2].

Durch Vorstehendes soll übrigens, wie ausdrücklich hervorgehoben sei, nicht über die Frage entschieden werden, ob nicht auch die logischen Grundlagen der Erkenntniss auf unbewusster, der bewussten vorausgehender, Erfahrung beruhen.

---

[1] Oben, S. 61 ff.

[2] Ueber den Beweis des Prinzips von der Erhaltung der Energie. Berlin 1891. Mayer & Müller.

Das Prinzip der Erhaltung der Kraft[1]. — Durch die Einführung der potentiellen Energie statt der Kräftefunktion in den Satz von der lebendigen Kraft wird dieser noch nicht, wie von Helmholtz annahm, ohne weiteres ein adäquater Ausdruck des Prinzips der Erhaltung der Energie. Denn potentielle Energie und lebendige Kraft beziehen sich auf ein und dieselben Massenelemente und sind verschiedene Darstellungsformen ein und derselben Funktion; der Satz von der lebendigen Kraft ist somit eine Identität. Dagegen setzt das Prinzip der Erhaltung der Energie die Energieänderungen verschiedener Massenelemente gleich, und es bleibt demnach die Frage zu beantworten, wie dieser Vorgang durch eine identische Gleichung dargestellt werden kann.

Mittels seines modifizirten Satzes von der lebendigen Kraft, den er als Prinzip der Erhaltung der Kraft bezeichnet, hätte also von Helmholtz nur für ein und dieselbe Masse eine Wärmegrösse einer mechanischen Energie gleichsetzen können, vorausgesetzt, dass er das mechanische Wärmeäquivalent gehabt hätte, was er aber in der Abhandlung über die Erhaltung der Kraft noch nicht kannte.

Dagegen durfte er Vorgänge, wobei Energie von einem auf einen zweiten Körper übertragen wird, durchaus nicht ohne weiteres seinem Satze unterordnen, und er beweist, indem er dieses thut, einen erstaunlichen Mangel an Kritik.

Kraftäquivalent des Magnetismus und Elektromagnetismus[2]. — Die Energiegleichungen, die von Helmholtz für die Induktionserscheinungen aufstellt, leiden, auch wenn man von der Vernachlässigung der Induktion des Stromes auf sich selbst absieht, wie sich zeigen lässt, an wesentlichen Fehlern. Wir führen zuerst die Grundgleichung von Helmholtz nebst seinen Erläuterungen an. Derselbe schreibt:

> »Bewegt sich ein Magnet unter dem Einfluss eines Stromes, so muss die lebendige Kraft, die er dabei gewinnt, geliefert werden aus den Spannkräften, welche in dem Strome verbraucht werden. Diese sind während

---

[1]) Oben, S. 98 ff.

[2]) Oben, S. 121 ff.

des Zeitteilchens dt nach der schon oben gebrauchten Bezeichnungsweise A J d t in Wärmeeinheiten, oder a A J d t in mechanischen, wenn a das mechanische Aequivalent der Wärmeeinheit ist. Die in der Strombahn erzeugte lebendige Kraft ist a J^2 W dt, die vom Magneten gewonnene $\frac{J\,d\,V}{d\,t}$, wo V sein Potential gegen den von der Stromeinheit durchlaufenen Leiter ist. Also:

$$a\,A\,J\,dt = a\,J^2\,W\,dt + J\,\frac{d\,V}{d\,t}\,dt \quad (\alpha)$$ [1]

u. s. w.

Gegen diese Gleichung sind aber noch folgende Einwendungen zu erheben:

1. Wenn sich der Magnet in Bezug auf den Strom in Folge der zwischen beiden vorhandenen Kräfte bewegt, so ist bekanntlich mit der Aenderung der lebendigen Kraft des Magnetes eine Aenderung seines Potentials in Bezug auf den Strom verbunden, in der Weise, dass die Summe beider Aenderungen Null ist. Die lebendige Kraft, die der Magnet gewinnt, wird also aus der Aenderung dieses Potentials, nicht aber, wie von Helmholtz will, aus der Aenderung der »Spannkräfte« A J dt erhalten. Die Gleichung (α) müsste also jedenfalls die genannte Potentialänderung neben derjenigen der lebendigen Kraft des Magnetes enthalten, wogegen sie nur die Aenderung seiner lebendigen Kraft, ausgedrückt durch die Aenderung seines Potentials in Bezug auf den Strom, enthält.

Die in der Gleichung (α) aufgestellte Beziehung zwischen Energiewerten kann also hiernach nicht richtig sein.

2. Ein weiterer wesentlicher Fehler der Gleichung (α) ergiebt sich, wenn die Bedeutung der in ihr vorkommenden Grössen, insofern sie zweifelhaft sein kann, festgestellt wird.

Für die Stromstärke steht auf beiden Seiten der Gleichung (α) derselbe Wert J. Es könnte daher, allgemein betrachtet, J entweder die Stromstärke bezeichnen, die vor der Einwirkung

---

[1] Wissenschaftliche Abhandlungen von H. Helmholtz. Erster Band. Leipzig, Barth, 1882. S. 62.

des Magnetes, oder diejenige, welche während dieser vorhanden ist, da beide infolge der Induction von einander verschieden sind.

Die oben angeführten Worte von v. Helmholtz zeigen aber, dass J die während der Einwirkung des Magnetes vorhandene Stromstärke bedeuten soll; denn danach ist, wenn sich ein Magnet unter Einfluss eines Stromes bewegt, a J^2W dt die »in der Strombahn erzeugte lebendige Kraft« für die Zeit dt.

Die Quantität der in der Stromeinheit und Zeiteinheit verbrauchten Spannkräfte aA, worunter von Helmholtz die chemische Energie versteht, ist nach seiner Auffassung der elektromotorischen Kraft äquivalent. Dieses ergiebt die »schon oben gebrauchte Bezeichnungsweise«, auf die sich von Helmholtz in der angeführten Stelle beruft.[1])

Allgemein betrachtet, könnte nun wiederum aA entweder die vor der Einwirkung des Magnets oder die währenden dieser vorhandene elektromotorische Kraft bezeichnen; hier muss aber die sogen. Spannkraft A das Aequivalent der vor der Einwirkung des Magnetes vorhandenen elektromotorischen Kraft sein; denn wäre sie der während dieser Einwirkung vorhandenen elektromotorischen Kraft äquivalent, so wäre in Gleichung (α) $a A J dt = a J^2 W dt$, und somit gegen die Voraussetzung $J \frac{dV}{dt} = 0$.

Wir gelangen also zu folgendem Ergebnisse:

Nach v. Helmholtz ist das Produkt aus der elektromotorischen Kraft a A, die das Element vor Einwirkung des Magnetes hat, mal der während dessen Einwirkung vorhandenen Stromstärke J mal der Zeit dt das Aequivalent aller übrigen während derselben Zeit in dem betrachteten Vorgange stattfindenden Energieänderungen.

Das widerspricht aber jedenfalls dem Prinzip der Erhaltung der Energie. Denn setzen wir die ohne Einwirkung des Magnets vorhandene Stromstärke $\frac{aA}{W}$, die, wie oben erwähnt, von J verschieden sein muss, gleich S, und somit die dann

---

1) M. vergl. z. B. a. a. O., S. 57 a. E. u. S. 49.

während eines Zeitelementes vorhandene Stromenergie gleich a A S dt, so würde zufolge der Gleichung (α) bei Einwirkung des Magnetes die von Null verschiedene Energie

$$a A S dt - a A J dt$$

ohne Aequivalent verschwinden, da A J dt das Aequivalent sämtlicher Energieänderungen sein soll.

3. Die Gleichung (α) genügt auch nicht den allgemeinen formalen, an die Darstellung des Prinzips der Erhaltung der Energie zu stellenden Bedingungen. Denn danach müsste sie auch gelten, wenn die darin vorkommenden Functionen der Zeit als Functionen der Koordinaten betrachtet werden. Nun ist zufolge der Gleichung (α)

$$a A = a J W + \frac{dV}{dt},$$

worin der Widerstand W und die ohne Einwirkung des Magnets in der Einheit der Zeit und der Stromstärke verbrauchten Spannkräfte A Konstanten sind. Man hätte also

$$a J W + \text{Const.} = - \frac{dV}{dt},$$

und diese Gleichung müsste für eine stetige Aufeinanderfolge von Werthen bei beliebigem Anfangspunkt der Bewegung des Magnetes gelten, d. h. eine Identität sein. Das ist aber nicht möglich, da J und $\frac{dV}{dt}$ von verschiedenen Koordinaten abhängen: J ist nämlich proportional dem Differenzialquotienten des Potentials, das die freie Elektrizität des Stromes in Bezug auf die bewegte besitzt, und hängt von den Koordinaten der Strombahn ab; dagegen hängt das Potential V, das der Magnet in Bezug auf die Stromeinheit hat, von den Koordinaten der Strombahn und denjenigen des Magnetes ab, und dasselbe gilt auch von dem Differenzialquotienten $\frac{dV}{dt}$; denn wäre dieser von den Koordinaten des Magnetes unabhängig, so wäre dessen lebendige Kraft unabhängig von seiner Lage gegen den Strom, was nicht sein kann.

4. Ueberhaupt ist nach dem im vorhergehenden Zusatze Bemerkten das Prinzip der Erhaltung der Energie, so wie es von Helmholtz formulirt, garnicht geeignet, um auf Aufgaben wie die vorliegende angewendet zu werden. Denn

es ist danach eine identische Gleichung, in der sich potentielle Energie und lebendige Kraft auf ein und dieselben Massenelemente beziehen, während er für die Induktionserscheinungen Gleichungen zwischen den Energieänderungen der Stromleiter und des Magnetes, also zwischen verschiedenen Massenelementen, aufstellt.

Aehnliche Einwendungen wie die vorstehenden lassen sich auch gegen die weiteren von ihm aufgestellten Gleichungen erheben; es ist daher nicht nothwendig, auf sie hier noch einzugehen.

In einem folgenden Beitrage wird die Aufstellung anderer Gleichungen für die Induktion unternommen werden.

Die Erhaltung der Energie

in den

späteren Schriften

von

H. von Helmholtz.

Elektrodynamik.

Die Formel von H. v. Helmholtz. — Seine Kritik von Weber's Gesetz.

Nach Veröffentlichung der Abhandlung »Ueber die Erhaltung der Kraft« behandelte v. Helmholtz zum ersten Male wieder in seinen elektrodynamischen Arbeiten[1]) eine Aufgabe, die von grosser Bedeutung für die Erhaltung der Energie ist. Er unternahm es darin, an die Stelle der Gesetze von Neumann und Weber ein allgemeineres zu setzen, was ihm jedoch, wie nicht bestritten werden wird, durchaus misslang. Es ist daher hier nicht nothwendig, auf jene Arbeiten genauer einzugehen, und wir können uns auf einige allgemeine Bemerkungen beschränken.

v. Helmholtz stellt seine elektrodynamische Formel als eine empirische auf, man musste daher erwarten, dass er zu ihrer Bestätigung sicher bestimmte Thatsachen anzuführen weiss. Doch das ist durchaus nicht der Fall: er ver-

[1]) Wissenschaftliche Abhandlungen von H. v. Helmholtz, Leipzig, Barth, I, S. 429 ff. Die drei Bände derselben sind im Folgenden kurz mit I, II, III bezeichnet.

öffentlicht eine Formel, die er durch keine Versuche bestätigt, und die, wie sich alsbald ergab, überhaupt nicht zu bestätigen ist. Wie schickt sich das für den zweiten Newton, als der er ja von seinen Anhängern gepriesen wird? Newton liess bekanntlich sein Gravitationsgesetz sieben Jahre unveröffentlicht liegen, bis er auf Grund der Gradmessungen von Picard dessen Uebereinstimmung mit der Erfahrung feststellen konnte[1]).

Dabei entbehrt der ganze Gedankengang von Helmholtz durchaus der Originalität; seine Grundanschauungen sind dieselben wie die seiner Vorgänger, F. Neumann und W. Weber, er versucht nur, aber ohne Frfolg, ihre Formeln zu verallgemeinern: das ist alles. Daher stehen Neumann und Weber in ihren elektrischen Arbeiten weit über ihm; denn sie haben die Wissenschaft mit originalen Gedanken bereichert, während die elektrodynamischen Bemühungen von Helmholtz fruchtlos blieben.

Dass er eine Kritik des Gesetzes von Weber unternahm, ist an sich zu loben, aber ihre Ausführung kann nicht befriedigen, auch wenn man dessen Gesetz nicht für das endgültige hält. Denn es fehlt ihm der höhere Standpunkt, der es ihm ermöglichen würde, die Arbeiten seiner Vorgänger wirklich zu überblicken. Um einen solchen einzunehmen, hätte er vorher zur Klarheit über die wahre Bedeutung des Prinzips der Energieerhaltung gelangt sein müssen, was ihm, wie wir in der Abhandlung »Ueber die Erhaltung der Kraft« sahen, und wie seine späteren Arbeiten zeigen werden, nie gelungen ist. So verliert sich denn seine Kritik in leere, selbst widersinnige Formeln. Zum Beweise dafür sei das Folgende angeführt:

Die beiden streitigen Punkte zwischen ihm und Weber sind nach seiner eigenen Formulirung.

A. »Dass die Weber'sche Annahme labiles Gleichgewicht der Elektrizität in leitenden Körpern gebe.«

B. Dass die Bewegungen zweier elektrischer Massenpunkte in Richtung ihrer Verbindungslinie »mit endlicher Geschwindig-

---

[1]) M. vergl. Brewster, Leben Newton's, deutsch von Goldberg; Leipzig, Göschen, 1833, S. 120.

keit anfangen und in endlicher Entfernung unendliche Geschwindigkeit erreichen können«.[1])

Der Einwand A ist sofort zurückweisen.

Labiles Gleichgewicht kann nur in einem System mit Beharrungsvermögen bestehen. Denn bei Aufhebung desselben müssen die bewegten Massen, wenn sie endlich sind, einen endlichen Betrag an lebendiger Kraft erhalten; letztere bleibt aber für endliche bewegte Massen unendlich klein, wenn dieselben kein Beharrungsvermögen besitzen und folglich die Geschwindigkeiten der einzelnen Momente sich nicht addiren. Eine homogene schwere Kugel ist z. B. auf der Spitze einer Pyramide in labilem Gleichgewicht. Hätte sie aber kein Beharrungsvermögen, so würde ihre Geschwindigkeit beim Fall ohne Stoss auf einer Seitenfläche der Pyramide stets unendlich klein und ihre lebendige Kraft somit unendlich klein von zweiter Ordnung sein. Ihr Gleichgewicht auf der Spitze wäre folglich nicht labil.

v. Helmholtz hätte also, bevor er der Elektrizität labiles Gleichgewicht zuerkannte, erst nachweisen müssen, dass sie Beharrung besitzt; statt dessen wendet er allgemeine Sätze der Mechanik, wie die Unterscheidung der verschiedenen Arten des Gleichgewichts an, ohne zu untersuchen, ob die dazu notwendigen Voraussetzungen vorhanden sind. Das ist jedenfalls nicht wissenschaftlich.

Der Einwand B ist ebenfalls hinfällig.

v. Helmholtz stellt nach Weber's Gesetz die Gleichung auf

$$\mu_n \frac{d^2 x_n}{dt^2} = X_n + e_n \Sigma \left[\frac{e_m (x_n - x_m)}{r^3_{n,m}} \left\{ 1 - \frac{1}{cc} \left(\frac{d\, r_{n,m}}{dt} \right)^2 + \frac{2\, r_{n,m}}{cc} \cdot \frac{d^2 r_{n,m}}{dt^2} \right\} \right]. \qquad [3]^{2)}$$

Hierin bezeichnen

μ_n die träge Masse des n^{ten} Punktes,

e_n dessen in elektrostatischen Einheiten gemessenes elektrisches Quantum,

---

1) I, S. 650/1.

2) S. 660. Die Zahlen in [ ] bezeichnen hier und im Folgenden die Nummern der Gleichungen im Original.

x_n, y_n, z_n dessen Koordinaten,

X_n, Y_n, Z_n die denselben angreifenden Komponenten nicht elektrischer Kräfte.

Entsprechende Gleichungen ergeben sich für die beiden anderen Koordinaten jedes der Punkte n. Multiplizirt man diese Gleichung mit $\frac{d\,x_n}{dt}$, die übrigen Gleichungen mit den entsprechenden Differenzialquotienten, so ergiebt sich die Gleichung der lebendigen Kraft.

Um diese einfach zusammen zu fassen, braucht er folgende Bezeichnungen. Es ist:

q_n die resultirende Geschwindigkeit des Punktes n, also

$$q_n^n = \left(\frac{d\,x_n}{d\,t}\right)^2 + \left(\frac{d\,y_n}{d\,t}\right)^2 + \left(\frac{d\,z_n}{d\,t}\right)^2,$$

$\vartheta_{m,n}$ der Winkel zwischen der Richtung q_n und der über n hinaus verlängerten Richtung von $r_{n,m}$, also

$$\frac{d\,r_{n,m}}{d\,t} = q_n \cos\vartheta_{m,n} + q_m \cos\vartheta_{n,m},$$

P das elektrostatische Potential:

$$P = \frac{1}{2}\Sigma\Sigma\left[\frac{e_n e_m}{r_{n,m}}\right], \quad n \gtrless m,$$

Q das elektrodynamische Potential:

$$Q = \frac{1}{c\,c}\Sigma\Sigma\left[\frac{e_n e_m}{r_{n,m}} q_n q_m \cos\vartheta_{n,m}\cos\vartheta_{m,n}\right], \quad n \gtrless m,$$

V die von den nicht elektrischen Kräften geleistete Arbeit:

$$\frac{d\,V}{d\,t} = \Sigma\left\{X_n \frac{d\,x_n}{d\,t} + Y_n \frac{d\,y_n}{d\,t} + Z_n \frac{d\,z_n}{d\,t}\right\},$$

p_n eine den Potentialfunktionen ähnlich gebildete Funktion für den Punkt n:

$$p_n = \Sigma\left[\frac{e_m}{r_{n,m}}\cos^2\vartheta_{m,n}\right],$$

L endlich die lebendige Kraft, aber so berechnet, dass unter ihr alle mit Quadraten der Geschwindigkeiten multiplizirten Glieder zusammengefasst sind:

$$L = \frac{1}{2} \Sigma \left[\left(\mu_n - \frac{1}{cc} e_n p_n \right) q_n^2 \right]. \qquad [3\,g]$$

Für diese Bezeichnungen wird die Gleichung der lebendigen Kraft

$$L + P - V - Q = \text{Const.} \qquad [3\,h]$$

Haben zu zwei Zeiten t_0, t_1 die Koordinaten und die Geschwindigkeiten dieselben Werte, so haben auch L, P, Q dieselben Werte, und es wird

$$V_1 - V_0 = 0,$$

wie es das Prinzip der Erhaltung der Energie verlangt. Nun zeigt aber die Gleichung [3g], dass die Koefficienten von q_n^2 auch negativ sein können.

> »Somit lässt das Weber'sche Gesetz die Möglichkeit offen, dass sich gleichzeitig die positiv und die negativ genommenen q^2 in das Unendliche steigern, ohne dass die Potentiale der linken Seite der Gleichung [3h] unendlich zu werden brauchen, d. h. ohne dass die Massenpunkte sich einander auf unendlich kleine Distanzen nähern.«[1])

Dieses soll nun nach v. Helmholtz ein wesentlicher Einwand gegen das Weber'sche Gesetz sein, indem sich hieraus nach seiner Meinung die Möglichkeit einer Art von Perpetuum mobile ergiebt. Er schliesst wie folgt:

> »Denken wir nun alle freie Elektrizität gleichnamig und den grösseren Teil derselben an einer Fläche abgelagert, dann ohne Veränderung ihrer Dichtigkeit die linearen Dimensionen des Körpersystems auf das n-fache vergrössert, so wird p auf das n-fache wachsen. Ist die Elektrizität, von der p abhängt, aber continuirlich im Raume verbreitet, so wächst in solchem Falle p_n auf das n^2-fache. In beiden Fällen können wir durch eine solche Veränderung jedenfalls zu Werten von p unter gleichzeitiger Vergrösserung der Entfernungen zwischen

[1]) S. 661.

den Massen e_m und e_n kommen, bei denen der die Masse vertretende Faktor

$$\mu_n - \frac{1}{cc} e_n p_n = \mathfrak{m}_n$$

negativ wird und es möglich wird, die Massen μ_n, mit stets zunehmender Geschwindigkeit beliebig grosse Arbeit leisten zu lassen. Praktisch hätten wir dann das Perpetuum mobile, wenn auch theoretisch die erweiterte Form des Gesetzes von der Erhaltung der Energie, wie es in Gleichung [2] ausgesprochen ist, gewahrt bliebe.«[1])

Die Trugschlüsse in dieser Auslassung sind doch aber leicht zu erkennen. v. Helmholtz stellt ja oben selbst fest, dass die Energie des von ihm betrachteten Systems in jedem Kreisprozesse konstant bleibt. Denken wir also, wie er will, die Dimensionen des Systems auf das n-fache vergrössert, so muss dabei genau soviel Arbeit aufgewendet werden, wie man zurückerhält, wenn das System in seine ursprünglichen Dimensionen zurückgeht. Ob diese Arbeit sehr gross oder sehr klein, ist dabei ganz gleichgültig; von einem Perpetuum mobile kann in keiner Weise die Rede sein.

Ferner macht v. Helmholtz hier den Fehler, der in der formalen Logik als quaternio terminorum bezeichnet wird.

In seiner Gleichung [3 h] hat nämlich $\mathfrak{m}_n$ die Bedeutung der Masse, in seiner Schlussfolgerung auf das Perpetuum mobile dagegen μ_n.

Wenn er beweisen wollte, dass das Weber'sche Gesetz ein Perpetuum mobile ermöglicht, musste er also seinen Beweis für das Massensystem $\mathfrak{m}_n$ führen, für das er seine Gleichung aufstellt.

Seine Schlussfolgerung ist aber nicht nur logisch, sondern auch physikalisch unzulässig.

Denn angenommen, das Massensystem $\mathfrak{m}_n$ besteht wirklich, so würden die Systeme der μ_n und der $\mathfrak{m}_n - \mu_n$ zwei auf einander wirkende Teile desselben sein, deren lebendige Kräfte sich zum Teil gegenseitig aufheben, und den auf-

---

[1]) S. 662/3.

gehobenen lebendigen Kräften entspräche keine wirkliche Bewegung, sondern nur der nicht aufgehobenen Differenz

$$\frac{1}{2} \Sigma m_n q_n^2.$$

Die Schlussweise von Helmholtz liesse sich auf jedes beliebige Massensystem anwenden, das dem Prinzip der Erhaltung der Energie genügt.

Denn man könnte in einem solchen immer eine beliebig grosse lebendige Kraft annehmen, wenn man nur auch eine entgegengesetzte lebendige Kraft einführt, die einen gewissen Teil der ersteren aufhebt. Die sich aufhebenden lebendigen Kräfte sind dann rein analytische Grössen, denen keine wirkliche Bewegung entspricht.

v. Helmholtz verwechselt also hier, wie auch sonst, analytische und reale Grössen, und er verfährt ähnlich, wie wenn man die Komponenten einer Bewegung als einzeln für sich wirklich existirende Bewegungen auffassen wollte. Seine Kritik des Weber'schen Gesetzes erscheint aber, wie schon oben bemerkt, als ein leeres Formelspiel, das mehr den Scholastiker als den echten Naturforscher verräth.

Galvanismus.

»Ueber die galvanische Polarisation in gasfreien Flüssigkeiten.« Theoretische Voraussetzung. — Versuche. — Angebliche kondensatorische Ladung des Voltameters. — Convection.

Ein Gebiet, worin das Prinzip der Erhaltung der Energie noch sehr mangelhaft durchgeführt ist, ist der Galvanismus; v. Helmholtz unternahm es daher, hier die Theorie zu vervollständigen. Die Absicht ist zu loben, ihre Ausführung aber durchaus nicht.

In einem Aufsatze »Ueber die galvanische Polarisation in gasfreien Flüssigkeiten«[1]) betrachtet er die Wasserzersetzung durch 1 D mit Rücksicht auf die Erhaltung der Energie und sucht eine eigenthümliche Auffassung dieses Vorganges zu begründen, die auch jetzt noch häufig als richtig angenommen wird, und die wir daher hier eingehender erörtern müssen.

Die bei der Wasserzersetzung verbrauchte chemische Wärme wird nach ihm vollständig vom Strome geliefert. Ferner berechnet er die chemische Wärme für die gasförmigen Ionen und setzt das elektrolytische Gesetz von Faraday voraus. Unter diesen Voraussetzungen würde folgen, dass zur Wasserzersetzung mindestens eine E.M.K. von r · 1,4 D notwendig ist[2]). Da nun aber thatsächlich auch Ströme von weit geringerer E.M.K. als ein Volt dauernd durch Wasser fliessen können, so nahm er an, dass diese nicht wirklich elektrolytisch geleitet werden, und ersann zu ihrer Erklärung einen besonderen Vorgang, den er als Convection bezeichnete und auch experimentell nachzuweisen versuchte.

---

[1]) I, S. 823 ff.

[2]) In Kilogramm Calor. ist die chemische Wärme von 1,5 D gleich 75, die Verbindungswärme von H_2O gleich 68.

Die Annahme, dass die gesammte Energie, die H_2 und O bei ihrer Trennung und Ueberführung in den gasförmigen Zustand aufnehmen, vom Strome geliefert werden muss, macht er ohne weitere Begründung, als ob eine andere Möglichkeit nicht vorhanden wäre. Aber die Frage liegt doch nahe, ob denn die Ionen nicht durch schwächere elektromotorische Kräfte zunächst in einem energieärmeren Zustande getrennt werden und dann sekundär aus ihrer Umgebung Energie aufnehmen. Ueberhaupt war allgemein zu untersuchen, ob nicht die auf den Leitern als solche vorhandene Wärme an der elektrolytischen Arbeit teilnimmt.

Ferner berücksichtigt er die Natur der Polarisation garnicht. Wird eine Zersetzungszelle in einen Stromkreis eingeschaltet, so wird in ihr bei Abscheidung der Ionen die chemische Energie vermehrt und Polarisation erregt. Da nun nach von Helmholtz das Aequivalent aller im Strom geleisteten Arbeit in der Stromenergie enthalten ist, und er die Abnahme der letzteren der chemischen Arbeit in der Zersetzungszelle äquivalent setzt, so muss er sich vorstellen, dass die verschwindende Stromenergie in den abgeschiedenen Jonen als chemische Energie wiederum zum Vorschein kommt, und dass eben dieser Vorgang die Polarisation ist. Diese Annahme ist doch aber keineswegs selbstverständlich, vielmehr lassen sich sofort Thatsachen anführen, die damit nicht übereinstimmen. Die Polarisation ist nämlich in gewissen Grenzen von der Intensität und Zeitdauer des Stromes abhängig und beginnt mit einem minimalen Werthe, während die chemische Arbeit davon unabhängig ist, wobei selbstverständlich die chemische Arbeit wie die Polarisation auf die Strom- und Zeiteinheit reduzirt angenommen werden. Also kann die chemische Arbeit nicht identisch mit der Polarisation sein, oder man müsste annehmen, dass die Zustände der Ionen, und somit auch die chemische Arbeit sich im Verlaufe des Stromes ändern. Dann wäre aber gegen die Voraussetzung von v. Helmholtz die für die gasförmigen Ionen berechnete Verbindungswärme nicht mehr das Maass der zur Elektrolyse nothwendigen E. M. K.

Diese Einwendungen gegen seine Theorie drängen sich sofort auf, er musste sie daher jedenfalls erörtern; doch davon geschieht nichts; er stellt seine Auffassung der elektrolytischen Arbeit einfach so hin, als wenn sie selbstverständlich richtig und die einzig mögliche wäre. Man kann ihm also den Vorwurf nicht ersparen, dass er die allgemeinen Voraussetzungen seiner Untersuchung sehr unkritisch angenommen hat.

Und nun seine Versuche! Sie sind womöglich noch unbefriedigender als seine Theorie. Der Hauptsache nach bestehen sie in Folgendem: Er leitet den Strom von 1 D zwischen Platinelektroden durch Wasser, das mit etwas Schwefelsäure versetzt und durch Auspumpen möglichst luftleer gemacht ist, und beobachtet einen zuerst stärkeren, sehr schnell abnehmenden Strom, der schliesslich in einen äusserst schwachen, unbegrenzte Zeit dauernden Reststrom übergeht, der von der Einschaltung grosser Leitungswiderstände sehr unabhängig ist.[1]) Den anfänglichen stärkeren Strom erklärt er durch eine condensatorische Ladung des Voltameters, der Reststrom soll durch die oben erwähnte Convection entstehen. Hierunter versteht er eine Wasserzersetzung, die nur zu Stande kommt, wenn an der Anode Wasserstoff oder an der Kathode Sauerstoff vorhanden ist, der sich mit dem zu ihm geführten Ion wieder zu H_2O verbindet und so einen dauernden schwachen Strom unterhält, bei dem keine chemische Arbeit geleistet wird, zu dessen Unterhaltung daher auch die geringste E. M. K. ausreicht.

Diese Auffassung sucht er auch durch Versuche zu bestätigen, wobei möglichst von Gasen befreite Platinelektroden sich in luftleerem destillirtem Wasser befanden. Der polarisirende wie der depolarisirende Strom verliefen dann viel schneller, die Stromdauer stieg aber, wenn die Platten mit Wasserstoff beladen wurden.

Aber der anfängliche stärkere Strom kann durchaus nicht als Ladung eines Condensators aufgefasst werden. Denn nach einer solchen hat das Potential in allen Punkten zwischen dem positiven Pole der Kette und der mit ihm verbundenen Condensatorplatte und ebenso zwischen dem negativen Pole und der zugehörigen Condensatorplatte denselben Werth,

---

[1]) I, S. 833, Z. 7 v. u.
S. 832 a. E.

während die E. M. K. der Kette vor und nach der Ladung ungeändert ist. Die Einschaltung des Condensators entspricht demnach der Einschaltung eines unendlich grossen Widerstandes, gegen den der Widerstand der Leiter verschwindet, wodurch das Potentialgefälle auf denselben Null wird. Dagegen wird durch Einschaltung des Voltameters die E. M. K. der Kette annähernd bis zu Null verringert. Beide Vorgänge sind also wesentlich von einander verschieden, und die Auffassung des stärkeren Anfangsstromes als condensatorische Ladung beruht nicht auf einer wirklichen Analogie zwischen beiden, sondern nur auf einer oberflächlichen Betrachtung derselben.

Ferner führt die Erklärung des Reststromes durch die sogen. Convection zu Widersprüchen gegen das Ohm'sche Gesetz.

Ist nämlich die an der Oberfläche einer Elektrode vorhandene Gasschicht durch das zu ihr geführte Ion aufgezehrt, so könnte der Convectionsstrom nur noch bestehen, indem aus dem Inneren der Elektrode Gas an deren Oberfläche tritt und sich dort mit dem Ion verbindet; denn das Ion kann durch die Strombewegung nicht in das Innere der Elektrode geführt werden, da es, um in sie einzudringen, erst durch den Strom ausgeschieden sein müsste, was gegen die Voraussetzung wäre. Ein derartiges Heraustreten des occludirten Gases hat auch v. Helmholtz angenommen. Dadurch wird aber offenbar die Stärke des Convectionsstromes von der Geschwindigkeit abhängig, mit der das Gas aus dem Inneren der Elektrode an deren Oberfläche tritt, und diese Geschwindigkeit kann weder als E. M. K. noch als Widerstand in die Formel der Stromstärke eingeführt werden, was gegen das Ohm'sche Gesetz ist.

Das Ion, welches bei diesem Vorgange an der einen Elektrode ausgeschieden wird, soll nun auch durch Diffusion an die andere gelangen und so einen dauernden Strom möglich machen. Wenn sich z. B. das Anion O mit Wasserstoff verbindet, der in der Anode vorhanden ist, soll an der Kathode H_2 frei werden, zu der Anode diffundiren, den aus ihr verbrauchten Wasserstoff ersetzen und so einen dauernden Strom unterhalten. Dadurch würde aber offenbar die Stromstärke von der Diffusionsgeschwindigkeit abhängig, was ebenfalls gegen das Ohm'sche Gesetz ist, da die Diffusion weder ein Widerstand noch eine E. M. K. ist.

Die Hypothese von v. Helmholtz verstösst somit gegen das Grundgesetz, das er selbst auch bei seinen Auslassungen voraussetzt.

Die Unabhängigkeit des Reststromes vom Widerstande ist auch garnicht auffällig; sie erklärt sich einfach daraus, dass die Polarisation nicht ihr Maximum erreichte und daher stets annähernd gleich der Stromstärke war. Von diesem Verhalten der Polarisation hätte v. Helmholtz wohl Kenntnis haben können. Ebenso hätte ihm bekannt sein müssen, dass destillirtes Wasser an sich kein sicherer Leiter der galvanischen Elektricität ist. Wurden aber die Elektroden mit Wasserstoff beladen, und löste sich somit etwas von letzterem in dem Wasser, so wurde es leitend, und die Erscheinungen wurden gleich denen in der verdünnten Schwefelsäure.

Bekanntlich ist auch durch Versuche nachgewiesen, dass 1 D Wasser dem Gesetze von Faraday entsprechend und unter Abscheidung beider Ionen zersetzen kann.

Ebenso kann, wie der Verfasser bald nach der Veröffentlichung des Aufsatzes von v. Helmholtz feststellte, auch aus wässriger Jodcaliumlösung zwischen Platinelectroden durch 1 D Jod abgeschieden werden. Es ist aber in Kilogramm Calorien

$$-(K_2, J_2, aq) - (H_2, O) + (K_2, O, aq)$$
$$= -150{,}00 - 68{,}35 + 164{,}50 = -53{,}85 \text{ Cal.},$$

während die Wärme des D für äquivalente Mengen nur 50 Cal. beträgt. Also auch diese Electrolyse würde der Erhaltung der Energie widersprechen, wenn die electromotorische Kraft der Zersetzungswärme der freien Ionen äquivalent sein müsste.

Der experimentelle Theil der vorliegenden Arbeit von v. Helmholtz ist hiernach ebenso fragmentarisch und unzulänglich, wie deren theoretische Grundlagen. Zur Einsicht in die Erhaltung der Energie trägt das Ganze nichts bei[1]).

[1]) Wie nach der Auffassung des Verfassers die Wasserzersetzung durch 1 D und analoge Vorgänge aufzufassen sind, wird am Ende dieser Schrift, in dem Anhange I dargelegt werden.

Thermodynamik.

»Die Thermodynamik chemischer Vorgänge«. Unzulänglichkeit der thermochemischen Theorien. — Versuchte Unterscheidung unvollständig und vollständig verwandelbarer Energie. — Die chemische Energie. — Richtung freiwilliger chemischer Vorgänge. — Hineinziehen nicht umkehrbarer Vorgänge. — Schwache galvanische Ströme: sie sind nicht thermodynamisch umkehrbar. — Die sekundäre Wärme. — Allgemeine analytische Darstellung der »freien« und »gebundenen« Energie. — Die Natur der Wärme. »Zur Thermodynamik chemischer Vorgänge«. Experimentelle Prüfung der Theorie: chemische Vorgänge in Concentrations-Strömen. — Spezialisirung der allgemeinen Formeln. — Berechnung der Versuche. »Zur Thermodynamik chemischer Vorgänge III«. Die »freie Energie« des Knallgases. — Arbeitsleistung bei der Wasserzersetzung. »Weitere Untersuchungen, die Elektrolyse des Wassers betreffend«. Versuche über die untere Grenze der elektromotorischen Kraft. »Studien zur Statik monocyklischer Systeme«. Beschränkung der Erörterung. — Die Prinzipien. — Recapitulation thermodynamischer Formeln. — Formeln für die monocyklischen Systeme. — Allgemeine Folgerung aus der Energieverwandlung. — Isomore Koppelung. — Beispiele. — Die Natur der Wärme. — Zusammenstellung der allgemeinen Aussagen über die Energie. »Ueber die physikalische Bedeutung des Prinzips der kleinsten Wirkung«. Die Aufgabe, die sich v. Helmholtz stellt. — Zusammenhang zwischen dem Prinzip der Erhaltung der Energie und dem der lebendigen Kraft. — Zusammenhang zwischen dem Prinzip der Erhaltung der Energie und dem der kleinsten Wirkung.

Das Prinzip der Erhaltung der Energie giebt, wenigstens unmittelbar, keine Bestimmung über die Richtung der Energieverwandlungen. Diesem Mangel suchte für die Wärme Clausius durch seinen bekannten Grundsatz abzuhelfen, für die chemischen Vorgänge unternahm von Helmholtz ähnliches in einem Aufsatze über »Die Thermodynamik chemischer

Vorgänge«[1]). In den einleitenden Bemerkungen dazu äussert er sich wie folgt:

»Nun sind aber mit den meisten chemischen Veränderungen Aenderungen des Aggregatzustandes und der Dichtigkeit der betreffenden Körper unlöslich verbunden. Von diesen letzteren aber wissen wir schon, dass sie Arbeit in zweierlei Form zu erzeugen oder zu verbrauchen fähig sind, nämlich erstens in der Form von Wärme, zweitens in Form anderer, unbeschränkt verwandelbarer Arbeit. Ein Wärmevorrath ist bekanntlich nach dem von Herrn Clausius präziser gefassten Carnot'schen Gesetze nicht unbeschränkt in andere Arbeitsäquivalente verwandelbar; wir können das immer nur dadurch und auch dann nur theilweise erreichen, dass wir den nicht verwandelten Rest der Wärme in einen Körper niederer Temperatur übergehen lassen. Wir wissen, dass beim Schmelzen, Verdampfen, bei Ausdehnung von Gasen u. s. w. auch Wärme aus den umgebenden gleichtemperirten Körpern herbeigezogen werden kann, um in Arbeit anderer Form überzugehen. Da solche Veränderungen, wie gesagt, unlöslich mit den meisten chemischen Vorgängen verbunden sind, so zeigt schon dieser Umstand, dass man auch bei den letzteren nach der Entstehung dieser zwei Formen von Arbeitsäquivalenten fragen und sie unter die Gesichtspunkte des Carnot'schen Gesetzes stellen muss. Bekannt ist längst, dass es von selbst eintretende und ohne äussere Triebkraft weitergehende chemische Prozesse giebt, bei denen Kälte erzeugt wird. Von diesen Vorgängen wissen die bisherigen theoretischen Betrachtungen, welche nur die zu entwickelnde Wärme als das Mass für den Arbeitswert der chemischen Verwandtschaftskräfte betrachten, keine genügende Rechenschaft zu geben . . . . Wenn wir nun bedenken, dass die chemischen Kräfte nicht blos Wärme, sondern auch andere Formen

[1]) II. S. 958 ff.

der Energie hervorbringen können, letzteres sogar, ohne dass irgend eine der Grösse der Leistung entsprechende Aenderung der Temperatur in den zusammenwirkenden Körpern einzutreten braucht, wie z. B. bei den Arbeitsleistungen der galvanischen Batterien: so scheint es mir nicht fraglich, dass auch bei den chemischen Vorgängen die Scheidung zwischen dem freier Verwandlung in andere Arbeitsformen fähigen Theile ihrer Verwandtschaftskräfte und dem nur als Wärme erzeugbaren Theile vorgenommen werden muss. Ich werde mir erlauben, diese beiden Theile der Energie im Folgenden kurzweg als die freie und die gebundene Energie zu bezeichnen«[1]).

Der unstäte Gedankengang in diesen Sätzen ist schwer zu verfolgen, doch lassen sich daraus die folgenden drei Behauptungen als die wesentlichsten aussondern.

1. Die bisherigen thermochemischen Theorien reichen nicht aus.
2. Es giebt vollständig und unvollständig verwandelbare Energie, und zwar ist die mechanische Energie von der ersteren, die Wärme von der letzteren Form.
3. Die chemische Energie ist in diese beiden Formen zu zerlegen und »unter die Gesichtspunkte des Carnotschen Gesetzes zu stellen«.

Die erste Behauptung ist zuzugeben; aber sehr zu tadeln ist es, dass von Helmholtz, statt dem Leser zu ihrer Begründung ein kritisch gesichtetes thatsächliches Material vorzulegen, einfach auf die Abhandlung eines anderen Autors, die keineswegs einwandsfrei und erschöpfend ist, verweist.[2]) Diese Art, eine Untersuchung zu motiviren, die der chemischen Thermodynamik neue Fundamente geben soll, zeigt von wenig Achtung vor den Thatsachen und ist als unwissenschaftlich zu bezeichnen.

---

[1]) II. S. 958/59.

[2]) B. Rathke, Ueber die Prinzipien der Thermochemie, Abhandl. d. Naturforsch.-Ges. zu Halle. XV. M. vergl. hierüber: Th. Gross, »Ueber die Prinzipien der Thermodynamik chemischer Vorgänge«, Exner, Repert. 1891, 8.

Die zweite Behauptung ist ebensowenig bewiesen wie die erste und überdies, wie wir gleich sehen werden, ganz unrichtig.

Wenn ein vollkommenes Gas sich isotherm ausdehnt, wird die ihm zugeführte Wärme vollständig in Arbeit verwandelt. Folglich wird in einem allerdings nur theoretischen Grenzfalle Wärme vollständig in Arbeit übergeführt. Andererseits ist aber auch mechanische lebendige Kraft in Wirklichkeit nicht vollständig in Arbeit zu verwandeln.

Die Arbeit leistende mechanische Energie kann nämlich von dauernden oder momentanen sogenannten Kräften[1]) herrühren. Der erstere Fall lässt sich auf die Grundform der Hebung eines Gewichtes durch ein sinkendes zurückführen. Das sinkende Gewicht wird aber in jedem wirklichen Vorgange auf das gehobene ausser Arbeit auch lebendige Kraft übertragen, die nur in dem theoretischen Grenzfalle der unendlich langsamen Hebung Null wird. In jedem wirklichen Vorgange dieser Art wird folglich ein Theil der mechanischen lebendigen Kraft des sinkenden Gewichtes nicht in Arbeit verwandelt, sondern geht analog wie die Wärme von einem Körper auf einen anderen über.

Dazu kommt, dass der Uebergang von mechanischer lebendiger Kraft in Arbeit und der umgekehrte garnicht Energieverwandlungen in dem Sinne sind, wie der Uebergang von mechanischer Energie in Wärme.

Denn zwischen mechanischer lebendiger Kraft und Arbeit besteht keine Aequivalenzzahl, oder vielmehr diese ist gleich 1. Also sind beide nicht zwei verschiedene Energieformen, sondern nur zwei verschiedene Darstellungsformen derselben Energieart[2]).

Die Uebertragung der Energie momentaner Kräfte geschieht in Form des Stosses. Da nun kein Körper vollkommen unelastisch ist, muss sich von den zusammenstossenden Körpern eine Bewegungswelle ausbreiten, die niemals vollständig Null wird.

---

[1]) Unter »Kraft« im Sinne von Anziehungskraft versteht der Verfasser stets nur eine Funktion, ohne ihr eine reale Bedeutung unterzulegen.

[2]) M. vergl. den I. Beitrag dieser Sammlung, S. 19 ff.

Also durch einfache Uebertragung kann sowohl die Wärme wie die mechanische Energie im theoretischen Grenzfalle — und nur in diesem — vollständig verwandelt werden; in jedem wirklichen Falle sind aber beide Energieformen nicht vollständig verwandelbar.

Ferner kann ein Körper ebenso wenig seinen Vorrath an mechanischer lebendiger Kraft vollständig abgeben, wie seinen Vorrath an Wärme. Denn Wärme überträgt er nur so lange, bis seine Temperatur gleich derjenigen des aufnehmenden Körpers ist. Bis zu welcher Grenze er mechanische lebendige Kraft abgeben kann, wollen wir hier nicht untersuchen; aber jedenfalls verliert er auch diese nicht vollständig, da es, wie erwähnt, keinen absolut unelastischen Körper giebt.

Also auch hier wiederum besteht zwischen beiden Energieformen kein allgemeiner Unterschied.

Sehen wir nun, wie sich beide in dem Carnot'schen Prozesse verhalten, wobei, der Einfachheit wegen, als Arbeit leistender Körper ein vollkommenes Gas angenommen werde.

Auf der oberen Isotherme wird die aus der zugehörigen Wärmequelle aufgenommene Wärme im theoretischen Grenzfalle vollständig in Arbeit umgesetzt, auf der unteren Isotherme wird ein Theil dieser Arbeit wiederum als Wärme an die zugehörige Wärmequelle abgegeben, und diese Energieänderungen bilden das gesammte Ergebniss des ganzen Kreisprozesses, da die Arbeiten auf den beiden adiabatischen Linien sich gegenseitig aufheben.

Hieraus schliesst von Helmholtz, dass die Wärme ihrer Natur nach nicht vollständig in Arbeit zu verwandeln ist. Mit demselben Rechte kann man aber auch umgekehrt schliessen: da die auf der oberen Isotherme geleistete Arbeit auf der unteren nicht vollständig in Wärme umzusetzen ist, so ist ein Arbeitsvorrat nicht vollständig in Wärme verwandelbar.

Im Grenzfalle ergiebt der Carnot'sche Prozess die vollständige Verwandlung von Wärme in Arbeit und von Arbeit in Wärme.

Denn bezeichnen wir in mechanischen Einheiten die auf der oberen Isotherme verbrauchte Wärme mit Q_1, die auf der unteren erhaltene mit Q_2, die absoluten Temperaturen der beiden Isothermen bezw. mit ϑ_1, ϑ_2, so ist bekanntlich die endgültig geleistete Arbeit

$$L = Q_1 - Q_2, \tag{1}$$

und auch

$$L = Q_2 \frac{\vartheta_1 - \vartheta_2}{\vartheta_2},$$

oder

$$L\vartheta_2 = Q_2 (\vartheta_1 - \vartheta_2). \tag{2}$$

Setzt man nun hierin ϑ_2 gleich dem absoluten Nullpunkte, so wird

$$L \cdot 0 = 0 = Q_2 \vartheta_1,$$

und da ϑ_1 nicht Null ist, muss $Q_2 = 0$ und folglich nach (1)

$$L = Q_1$$

sein.

In diesem Grenzfalle würde somit die auf der oberen Isotherme verbrauchte Wärme vollständig in Arbeit verwandelt, und durch den umgekehrten Kreisprozess würde die letztere wiederum vollständig als Wärme erhalten. Allerdings würde für die vorausgesetzten Temperaturgrenzen folgen, dass ein Gas in dem absoluten Nullpunkte bei seiner Ausdehnung und Zusammenziehung weder Wärme verbraucht, noch entwickelt, eine Frage, die weiter zu erörtern wäre; jedenfalls aber kann man sich dem betrachteten Grenzfalle beliebig nähern, indem man die Temperatur ϑ_2 beliebig wenig von dem absoluten Nullpunkte verschieden annimmt; denn da die Capacität der beiden Wärmequellen in dem Carnot-schen Prozesse unendlich gross sein muss, wird die Wärmequelle von der Temperatur ϑ_2 auch dann beliebig viel Wärme aufnehmen bezw. abgeben können, ohne ihre Temperatur zu ändern.

Aus dem Carnot'schen Prozesse ist also eine verschiedene Verwandelbarkeit der Wärme und der mechanischen Energie nicht zu erschliessen; überhaupt ist derselbe zu grundlegenden Bestimmungen über das Verhalten der Energie nicht geeignet, da er nicht streng zu verwirklichen ist. Soll aber die Erhaltung der Energie ein unbedingt geltendes Naturgesetz und nicht blos eine theoretische Grenze sein, so ist das

Verhalten der Energie aus wirklichen und nicht aus fingirten oder doch nur als Grenze geltenden Vorgängen zu ermitteln.

Der angebliche von v. Helmholtz behauptete Unterschied in dem Verhalten der Wärme und der mechanischen Energie ist nach allem unbegründet.

In einem der folgenden Beiträge wird gezeigt werden, dass aus ganz allgemeinen Gründen keine Energieform vollständig verwandelbar sein kann[1]).

Drittens soll nach v. Helmholtz die chemische Energie aus vollständig verwandelbarer oder mechanischer und aus unvollständig verwandelbarer Energie bestehen.

Wenn wir nun auch ganz von den Gründen absehen wollten, die soeben gegen die vollständige Verwandelbarkeit der mechanischen Energie geltend gemacht wurden, so bleibt doch die angebliche Begründung, die er für diese Zerlegung giebt, ganz unbefriedigend.

Nach seinen obigen Aeusserungen soll sie deshalb berechtigt sein, weil bei den physikalischen Zustandsänderungen, die mit den chemischen Vorgängen verbunden sind, beide Energieformen auftreten, und weil in den konstanten chemischen Elementen fast die ganze chemische Wärme sich in Stromarbeit umsetzen kann.

Warum sollte man aber nicht ebensowohl annehmen, dass ein Vorgang, wobei nur Aenderungen der Wärme, d. h. der »gebundenen« Energie, stattfinden, mit einem solchen verbunden ist, wobei neben Wärme auch sogen. »freie« mechanische Energie sich ändert? Darüber kann doch nur die Erfahrung Aufschluss geben, und man darf nicht, wie hier von Helmholtz, die Frage a priori entscheiden wollen.

Was die konstanten Elemente für das Vorhandensein der »freien« Energie beweisen sollen, bleibt ebenfalls ganz unklar. Der Umstand, dass z. B. im Daniell die chemische Energie sich bis auf einen unsicheren Rest in Stromenergie umsetzt, könnte doch vielmehr dafür sprechen, dass erstere vollständig frei verwandelbar ist.

Und was soll schliesslich die Phrase bedeuten, dass man die chemischen Vorgänge »unter die Gesichtspunkte des Carnot'schen Gesetzes stellen« muss? Doch wohl, dass

---

[1]) M. vergl. auch u. S. 198a E. u. S. 199.

chemische Aenderungen einen Carnot'schen Kreisprozess beschreiben können. Denn durch diesen wird das Carnot'sche Gesetz, welches das Resultat des gleichnamigen Kreisprozesses ist, erwiesen; für einen Vorgang, der einen Carnot'schen Prozess nicht beschreiben kann, gilt daher auch das Carnot-sche Gesetz nicht.

Aber von Helmholtz spricht hier von den rein chemischen Vorgängen, abgesehen von den damit verbundenen physikalischen Zustandsänderungen, und rein chemische Vorgänge sind rein molekular, und folglich vom Wege unabhängig. Wenn sie durch irgend einen Kreisprozess geführt werden, ist somit die gesammte Energieänderung an dessen Ende Null, während bei dem Carnot'schen Kreisprozesse ein Quantum Energie erhalten oder verbraucht wird.

Also ist es sinnlos, von einem Carnot'schen Prozesse rein chemischer Vorgänge zu sprechen.

Man müsste daher, dem Zusammenhange entgegen, annehmen, dass die chemischen Aenderungen mit physikalischen verbunden sein sollen. Aber die chemischen Aenderungen des vermittelnden Körpers müssten sich in dem Carnot'schen Prozesse aufheben, weil der Körper zu Anfang und zu Ende desselben sich in demselben Zustande befinden muss. Das Aequivalent der äusseren Arbeit würde also doch wiederum die von aussen zugeführte Wärme liefern, gerade wie bei einem Carnot'schen Prozesse gewöhnlicher Art.

Es bleibt daher ganz unverständlich, was von Helmholtz sich eigentlich bei seiner Phrase gedacht hat.

Jedenfalls hat er für die Unterscheidung einer vollständig und einer unvollständig verwandelbaren Energieform und für die Zerlegung der chemischen Energie in diese beiden Formen nicht den geringsten triftigen Grund angegeben.

Er fährt dann fort:

> »Wir werden später sehen, dass die aus dem Ruhezustande und bei konstant gehaltener, gleichmässiger Temperatur des Systems von selbst eintretenden und ohne Hülfe einer äusseren Arbeitskraft fortgehenden Prozesse nur in solcher Richtung vor sich gehen können, dass die freie Energie abnimmt. In diese Kategorie werden auch die bei

konstant erhaltener Temperatur von selbst eintretenden und fortschreitenden chemischen Prozesse zu rechnen sein. Unter Voraussetzung unbeschränkter Gültigkeit des Clausius'schen Gesetzes würden es also die Werthe der freien Energie, nicht die der durch Wärmeentwicklung sich kundgebenden gesammten Energie sein, die darüber entscheiden, in welchem Sinne die chemische Verwandtschaft thätig werden kann.

Die Berechnung der freien Energie lässt sich *der Regel nach* nur bei solchen Versuchen ausführen, die im Sinne der thermodynamischen Betrachtungen vollkommen reversibel sind. Dies ist der Fall bei vielen Lösungen und Mischungen . . . Für die nach festen Aequivalenten geschlossenen chemischen Verbindungen im engeren Sinne dagegen bilden die elektrolytischen Prozesse zwischen unpolarisirten Elektroden einen wichtigen Fall reversibler Vorgänge.«

Nach dem, was wir oben[1]) vernahmen, mussten wir die »freie Energie« für das Aequivalent der mechanischen Arbeit in einem Carnot'schen Kreisprozesse halten. Dieser ist aber jedenfalls ein nicht freiwilliger Vorgang. Ferner stellten wir fest, dass in dem Grenzfalle einer isothermen Aenderung die »gebundene Energie« Wärme vollständig in mechanische Arbeit verwandelbar und somit nach der Bezeichnung von Helmholtz »frei« ist. Für isotherme Aenderungen würde also jedenfalls der Unterschied zwischen freier und gebundener Energie, selbst wenn er sonst bestände, wegfallen.

Hier hören wir nun, dass in freiwilligen molekularen isothermen Vorgängen die »freie Energie« abnehmen soll, und zwar betrachtet v. Helmholtz, wie wir alsbald sehen werden, *rein* molekulare Vorgänge. Also kommt das Gesetz, das er für diese aufstellen will, selbst wenn wir alles, was er behauptet, zugeben, thatsächlich auf Folgendes hinaus: Bei freiwilligen, rein molekularen, isothermen Vorgängen nimmt eine Energieform ab, die in nicht freiwilligen, nicht rein molekularen, nicht isothermen Vorgängen das Aequivalent der mechanischen Arbeit liefert.

---

[1]) S. 160 f.

Das ist die neue Aufklärung über die chemischen Vorgänge, die die »bisherigen theoretischen Betrachtungen« nicht zu geben vermochten.

Charakteristisch ist auch die Bemerkung, dass die freie Energie »in der Regel« nur bei den vollkommen umkehrbaren Vorgängen berechenbar ist; also musste er doch auch wenigstens einzelne nicht umkehrbare Vorgänge zu kennen glauben, wobei die freie Energie berechenbar ist. Aber selbst, wenn alles, was er oben über die »freie Energie« vorgetragen hat, vollkommen richtig wäre, könnte es doch immer nur für umkehrbare Vorgänge gelten; da er die Unterscheidung der »freien« und der »gebundenen« Energie aus dem Carnot'schen Prozesse folgert, und es bliebe ausdrücklich zu untersuchen, ob auch in nicht umkehrbaren Vorgängen beide Energieformen zu unterscheiden sind. Doch danach fragt von Helmholtz nichts; er findet sich berechtigt, das angeblich aus dem Carnot'schen Prozesse Gefolgerte sofort auf nicht umkehrbare Vorgänge auszudehnen. Das ist seine wissenschaftliche Gewissenhaftigkeit!

Die Anwendungen, die er von seiner »freien Energie« macht, sind ebenso unbefriedigend, wie diese selbst. Er geht nämlich nun näher auf die elektrolytischen Vorgänge in sehr schwachen Strömen ein, worüber er Folgendes äussert:

> »Die Vorgänge in einem konstanten galvanischen Elemente, welche bei verschwindend kleiner Stromintensität vor sich gehen, wobei man die dem Widerstand und dem Quadrat dieser Intensität proportionale Wärmeentwickelung im Schliessungsdrahte als verschwindende Grössen zweiter Ordnung vernachlässigen kann, sind vollkommen reversible Prozesse und müssen den thermodynamischen Gesetzen der reversiblen Prozesse unterliegen.« [1])

Aber diese thermodynamischen Gesetze der reversiblen Prozesse beziehen sich auf die äussere, vom Wege abhängige Arbeit, während die genannten galvanischen Vorgänge rein molekular und somit vom Wege unabhängig sind. Umkehrbar in Bezug auf den Weg sind sie, wie leicht zu zeigen, keineswegs.

---

[1]) II. S. 961.

Die beiden Vorgänge, die Umkehrungen von einander sein sollen, müssten die folgenden sein.[1])

I. Ein konstantes Element, z. B. ein Daniell, von der elektromotorischen Kraft p werde in dem der letzteren entgegengesetzten Sinne in einen Stromkreis eingeschaltet, dessen konstante elektromotorische Kraft e nur unendlich wenig grösser als p ist, indem die Bezeichnung unendlich hier und im Folgenden nicht im strengen mathematischen Sinne zu verstehen ist.

Der Gesammtwiderstand r des so erhaltenen Stromes sei endlich: dann ist dessen Intensität $i = \frac{e - p}{r}$ ebenso wie dessen elektromotorische Kraft $e - p$ eine verschwindend kleine Grösse erster Ordnung. Dieser Strom wird in der Zeiteinheit von der Kupferelektrode des Daniell eine gewisse sehr kleine Menge Cu auflösen und an der Zinkelektrode die äquivalente Menge Zn aus $ZnSO_4$ abscheiden, und es werden diese Quantitäten von derselben Grössenordnung wie die Stromstärke, d. h. unendlich Kleine erster Ordnung sein, da sie der Stromstärke proportional sind. Folglich muss auch die von den Ionen aufgenommene chemische Energie von derselben Ordnung sein, da sie ebenfalls der Stromstärke proportional ist. Dagegen ist in jeder endlichen Zeit t die Stromwärme $i^2rt = (e - p)\,i\,t$ offenbar ein unendlich Kleines zweiter Ordnung. Sie kann also in diesem Falle, wie es von Helmholtz will, vernachlässigt werden.

II. Nun werde die elektromotorische Kraft ausgeschaltet, und das Daniell für sich durch einen Widerstand R, der in dem oben angegebenen Sinne unendlich gross ist, geschlossen, bis die im Falle I ausgeschiedenen bezw. aufgelösten Mengen Zn und Cu umgekehrt wiederum aufgelöst bezw. ausgeschieden sind. Die dabei entwickelte chemische Wärme wird dann entgegengesetzt gleich derjenigen im Falle I sein; dagegen ist die Stromwärme nun nicht mehr wie bei I ein unendlich Kleines zweiter Ordnung. Denn es ist die Stromstärke $i = \frac{p}{R}$ wiederum wie im Falle I unendlich klein von der ersten

---

[1]) M. vergl. Th. Gross, »Ueber das Verhältniss zwischen elektrom. Kraft u. chem. Wärme« u. s. w. in Elektrochem. Ztschft. VI, 1899, 7, S. 137 ff.

Ordnung; von derselben Ordnung ist jetzt aber auch die Stromwärme i^2Rt, da i^2 unendlich klein von der zweiten, und R unendlich gross von der ersten Ordnung ist.

Die Stromwärme ist also jetzt von derselben Grössenordnung, wie die chemische Wärme, und daher gegen diese nicht zu vernachlässigen.

Während also im Falle I die Stromleiter während jeder beliebigen Zeit t dieselbe Temperatur behalten, weil dann die Stromwärme $(e - p)\,i\,t$ ein unendlich Kleines zweiter Ordnung ist, werden dieselben im Falle II nach Verlauf der Zeit t die Wärme i^2Rt aufgenommen haben, wodurch ihre Temperatur um einen nicht zu vernachlässigenden Betrag gestiegen sein muss.

Der Zustand der Stromleiter ist somit beim Aufhören des Stromes im Falle II nicht derselbe wie bei Beginn des Stromes im Falle I, und »reversibel« könnten beide Vorgänge höchstens in Bezug auf das Resultat der chemischen Vorgänge sein. Aber thermodynamisch, d. h. in Bezug auf den Weg »reversibel« sind chemische Vorgänge niemals. Dieses wird, um nicht zu weit abzuschweifen, in dem bereits erwähnten Anhange am Ende dieser Schrift bewiesen werden. Hier genügt es, nachgewiesen zu haben, dass der gesammte elektrochemische Vorgang keineswegs umkehrbar ist.

Die Formel, die v. Helmholtz für die betrachteten Ströme aufstellt, ist ebenfalls nicht anzunehmen. Er bezeichnet nämlich mit $d\varepsilon$ die durch das Element gegangene Elektrizitätsmenge, mit p die Potentialdifferenz, mit ϑ die absolute Temperatur, mit U die gesammte Energie des Elementes und stellt für angeblich »vollkommen reversible« galvanische Vorgänge, wie er sie oben gefunden zu haben glaubt, die folgenden Gleichungen auf:

$$\frac{1}{A}\,dQ = \frac{dU}{d\vartheta}\,d\vartheta + \left(\frac{dU}{d\varepsilon} + p\right)d\varepsilon, \qquad [1]$$

$$dS = \frac{1}{\vartheta}\cdot\frac{1}{A}\,dQ = \frac{1}{\vartheta}\,\frac{dU}{d\vartheta}\,d\vartheta + \frac{1}{\vartheta}\left(\frac{dU}{d\varepsilon} + p\right)d\varepsilon, \qquad [1a]$$

worin $\frac{1}{A}$ das mechanische Wärmeäquivalent bedeutet.[1])

[1]) v. Helmholtz bezeichnet dasselbe hier und im Folgenden mit J.

Durch Gleichsetzung der zweiten Ableitungen $\frac{d^2 S}{d \varepsilon d \vartheta}$ und $\frac{d^2 S}{d \vartheta d \varepsilon}$ erhält er dann die Gleichung:

$$\frac{1}{A} d Q = \frac{dU}{d\vartheta} d\vartheta + \vartheta \frac{dp}{d\vartheta} d \varepsilon. \qquad [1^*]$$

Hierin giebt der letzte Summand

»das mechanische Aequivalent derjenigen Wärmemenge an, welche wir während des Ueberganges von d ε dem galvanischen Elemente zuführen müssen, um seine Temperatur konstant zu halten«.

Die Gleichung [1] hat von Helmholtz offenbar nach dem Muster der Fundamentalgleichung der mechanischen Wärmetheorie gebildet; denn bezeichnet U die *innere Energie* eines Körpers, v und $\mathfrak{p}$ dessen spezifisches Volumen und spezifischen Druck, so ist bekanntlich

$$\frac{1}{A} d Q = \frac{dU}{d\vartheta} d\vartheta + \left(\frac{dU}{d v} + \mathfrak{p}\right) d v$$

Das Element der Stromarbeit pdε in der Gleichung von v. Helmholtz soll also dem Element der äusseren Arbeit $\mathfrak{p}$dv in der Gleichung der mechanischen Wärmetheorie entsprechen. Nun ist aber $\mathfrak{p}$dv eine vom Wege abhängige Energieänderung, während pdε eine rein moleculare Energie ist. Ueberhaupt ist der ganze Vorgang, der durch die Gleichung [1] dargestellt werden soll, rein molecular und somit für ihn dQ ein vollständiges Differenzial. Dadurch verliert ϑ in der Gleichung [1a], die die Entropie darstellen soll, die Bedeutung des integrirenden Divisors. Auch ist, wie sich zeigen lässt, der ganze Ansatz der Gleichung [1] zu ändern.

In einem galvanischen Elemente wird bei geschlossenem Stromkreise chemische Energie verbraucht und dafür Stromenergie und die sogen. secundäre Wärme gewonnen, wobei vorausgesetzt wird, wie es auch von Helmholtz thut, dass äussere Arbeit, die etwa durch entweichende Ionen geleistet werden könnte, ausgeschlossen ist. Kann das Element wenigstens während einer sehr kurzen Zeit als konstant gelten, so ist die Aenderung der chemischen Energie der durch dasselbe gegangenen Electricitätsmenge proportional; folglich kann die Aenderung der chemischen Energie explicite von keiner anderen unabhängigen Veränderlichen als von der durch das Element gegangenen Electricitätsmenge ε abhängen. Denn würde sie noch von anderen unabhängigen Veränderlichen neben ε abhängen, so könnten diese und mit ihnen die chemische Energie sich ändern, während ε konstant bleibt, und es würde dann die Proportionalität zwischen chemischer Energie und Electricitätsmenge nicht mehr bestehen. Die durch das Element fliessende Electricitätsmenge ε ist aber als eine Funktion der Temperatur anzunehmen; somit hat die chemische Aenderung den Ausdruck $\frac{dU}{d\varepsilon}\frac{d\varepsilon}{d\vartheta}d\vartheta$. Die von der Temperaturänderung herrührende Energieänderung, d. h. die sogen. sekundäre Wärme, hat die Form $\frac{dU}{d\vartheta}d\vartheta$, die Aenderung der Stromenergie ist $p\frac{d\varepsilon}{d\vartheta}d\vartheta$; also besteht für jeden geschlossenen galvanischen Stromkreis, bei Ausschluss äusserer Arbeit, die Gleichung

$$\frac{dU}{d\varepsilon}d\varepsilon = \frac{dU}{d\vartheta}d\vartheta + p\,d\varepsilon \tag{1}$$

Hierin ist p für jedes einzelne Element eine ganz bestimmte Funktion von ϑ. Diese Gleichung gilt ebensowohl für starke wie für schwache Ströme, und die Umkehrbarkeit des durch sie dargestellten Vorganges kommt dabei nicht in Betracht. Für die Wärmemenge, die dem Elemente zu entziehen oder zuzuführen ist, um seine Temperatur constant zu erhalten, ergiebt sich aus (1) die Gleichung

$$\frac{1}{A}dQ = \frac{dU}{d\vartheta}d\vartheta = \left(\frac{dU}{d\varepsilon} - p\right)d\varepsilon \tag{2}$$

Für diese Wärmegrösse lässt sich auch der von Helmholtz in der Gleichung [1*] aufgestellte Ausdruck ableiten, und zwar ohne dessen unhaltbare theoretische Voraussetzungen, wie am Ende dieser Schrift im Anhang II gezeigt werden wird.

Zu einer vermeintlichen Prüfung der von Helmholtz gegebenen Ableitung der Formel für die sekundäre Wärme wurden Versuche angestellt, wobei man einmal die sekundäre Wärme direkt calorimetrisch bestimmte und sie dann mittels des Differenzialquotienten $\frac{dp}{d\vartheta}$ berechnete, indem man dessen Bestimmung durch Entgegenschalten zweier gleichen Elemente versuchte, von denen das eine durch schmelzendes Eis abgekühlt, das andere durch Alkoholdampf erhitzt wurde. [1]) Die Differenzen zwischen den so durch Beobachtung und Rechnung erhaltenen Zahlen betragen bis zu 21 % des beobachteten Werthes, und wenn diese Abweichungen auch durch die Kleinheit der zu messenden Grössen und die Schwierigkeit der exakten Ausführung der Versuche erklärt werden mögen, so widersprechen doch jedenfalls die Bedingungen der Versuche den Voraussetzungen von v. Helmholtz. Denn bei den Versuchen wurde die Stromenergie in Rechnung gezogen und somit gegen die anderen Grössen als endlich angenommen, während v. Helmholtz bei seiner Ableitung der genannten Formel ausdrücklich voraussetzt, dass die Stromenergie gegen die sekundäre Wärme unendlich klein ist.

Die Resultate der Versuche gelten demnach, soweit sie zuverlässig sind, für starke wie für schwache Ströme und beweisen somit nichts für die Theorie von Helmholtz.

Die Gleichung [1] verallgemeinert von Helmholtz dann, indem er ihr die Form

$$\frac{1}{A}\, d\, Q = \frac{dU}{d\vartheta}\, d\,\vartheta + \sum_{a} \left(\frac{dU}{dp_a} + P_a\right) d\, p_a \qquad [1]$$

giebt. Hierin bezeichnen die p_a eine Anzahl von passend gewählten Parametern und $P_a\, dp_a$

> »die ganze bei der Aenderung dp_a zu erzeugende, frei verwandelbare Arbeit, welche theils auf die Körper der Umgebung übertragen, theils *in lebendige Kraft der Massen des Systems verwandelt* werden kann. Diese letztere ist eben auch als eine den inneren

[1]) M. vergl. H. Jahn, Wied. Ann. 28, S. 21 ff., S. 491 ff., u. A. u. Wied. Elektr.

Veränderungen des Systems gegenüberstehende äussere Arbeit zu betrachten.« [1])

Ferner setzt er

$$\frac{1}{\vartheta} dQ = dS, \qquad [2]$$

worin dS das vollständige Differenzial einer eindeutigen Funktion von ϑ und den Parametern p_a bezeichnet.

Aus den Gleichungen [1] und [2] folgt

$$\frac{1}{A}\frac{dS}{dp_a} = \frac{1}{\vartheta}\left[\frac{dU}{dp_a} + P_a\right], \quad \frac{1}{A}\frac{dS}{d\vartheta} = \frac{1}{\vartheta}\frac{dU}{d\vartheta},$$

woraus sich

$$P_a = \frac{d}{dp_a}\left[\frac{1}{A} S - U\right] \qquad [1\,b]$$

ergiebt. Wird

$$\mathfrak{F} = U - \frac{1}{A} S \qquad [1\,e]$$

gesetzt, so ist $\mathfrak{F}$ eine eindeutige Funktion der Grössen p_a und ϑ, die bis auf eine additive Konstante durch die vorstehenden Gleichungen bestimmt ist. Diese Funktion $\mathfrak{F}$ nennt er »freie Energie«. Da

$$P_a = -\frac{d\mathfrak{F}}{dp_a}$$

ist, so stellt die Funktion $\mathfrak{F}$ »bei allen in konstant bleibender Temperatur vorgehenden Uebergängen« den Werth »der potentiellen Energie für die unbeschränkt verwandelbaren Arbeitswerthe« dar.

Die Grösse

$$U = \mathfrak{F} + \frac{1}{A}\vartheta S$$

nennt von Helmholtz die »gesammte (innere) Energie« und die Grösse

$$U - \mathfrak{F} = \frac{1}{A}\vartheta S$$

die »gebundene Energie«.

---

[1]) II. S. 967.

Hier erhalten wir nun endlich in der Gleichung [1e] eine bestimmte Formel für die sogen. »freie Energie«. Aber diese Formel ist von dem Carnot'schen Gesetze, das erst durch Spezialisirung der zweiten Gleichung [1] entsteht, ganz unabhängig; was sollte also oben die Bezugnahme auf diesen Satz, oder mit welchem Recht wendet von Helmholtz hier auf die verallgemeinerte Gleichung [1] die »Gesichtspunkte des Carnot'schen Gesetzes« an?

Jeder logische Zusammenhang seiner vorstehenden Sätze mit den vorherigen fehlt.

Auch sind wiederum gleich wesentliche Einwendungen zu erheben. v. Helmholtz macht, wie er auch später wiederholt hervorhebt, die allgemeine Voraussetzung, dass die von ihm betrachteten Vorgänge thermodynamisch umkehrbar sind, und gleichwohl sagt er in dem Vorstehenden, dass $P_a\,dp_a$ eine äusserliche, d. h. mechanische, lebendige Kraft bedeuten kann. Aber nach der üblichen Auffassung sind Vorgänge mit lebendiger Kraft nicht umkehrbar; er musste daher, wenn er anderer Meinung war, diese begründen. Statt dessen nimmt er die Bezeichnung der Umkehrbarkeit aus der Thermodynamik auf und verleiht ihr ohne jede Begründung einen ganz anderen und ganz unbestimmten Umfang.

Ferner müssen, wie er später selbst hervorhebt, die p so gewählt werden, »dass die nach aussen geleistete Arbeit nur von den dp, nicht von den $d\vartheta$ abhängt«, und er behauptet auch, dass sie immer dieser Bedingung gemäss gewählt werden können[1]). Woher weiss er das aber, da jede klare Grenzbestimmung des Gebietes fehlt, für das seine Formeln gelten sollen?

Ebenso wenig durfte er ohne Beweis annehmen, dass der integrirende Divisor seiner verallgemeinerten Gleichung [1] noch die absolute Temperatur bedeutet, da er die Parameter nicht blos als mathematische, sondern als *physikalische* Grössen auffasst. Ueberhaupt sind erfahrungsmässig umkehrbare Vorgänge durch zwei physikalische Grössen bestimmt.

---

1) III. S. 23 a. E. u. S. 94.

Das alles sind unwissenschaftliche Willkürlichkeiten. Seine »freie Energie« bleibt bei alledem ohne physikalischen Sinn.

Bei konstanter Temperatur fällt sie mit der potentiellen Energie zusammen, ist also nichts Neues.

Bei veränderlicher Temperatur würde sie dagegen durch die Veränderlichen der potentiellen Energie, und daneben durch die absolute Temperatur ϑ bestimmt werden. Ob eine derartige Funktion noch eine Energieform darstellt, hätte von Helmholtz untersuchen müssen, bevor er sie als eine solche auffasste und bezeichnete. Denn die Bezeichnung einer Funktion als Energie schliesst ganz bestimmte Voraussetzungen ein. Zu dieser Untersuchung war er gerade ganz besonders verpflichtet, da er das Prinzip der Energieerhaltung mittels des Satzes von den lebendigen Kräften darstellt, indem er an Stelle der Kräftefunktion deren negativen Werth als »Quantität der Spannkräfte«, d. h. potentielle Energie, einführt. Er musste sich also fragen, ob derartige Funktionen, wie seine sog. freie Energie, in den Satz von den lebendigen Kräften eingehen können. Doch davon geschieht nichts, sondern er verfährt in seinen reifen Jahren gerade so unwissenschaftlich, wie er in seiner Jugend verfahren hatte. Damals erklärte er in der Abhandlung »Ueber die Erhaltung der Kraft«, alle Naturerscheinungen auf Centralkräfte zurückführen zu wollen, und führt dann ohne ein Wort der Motivirung die galvanische Kontaktkraft ein, die keine Centralkraft ist[1]); hier stellt er eine willkürliche Funktion als Energieform auf, ohne zu untersuchen, ob sie in das Prinzip der Energieerhaltung, wie er selbst es auffasst, hineinpasst. Ein solches Verfahren wäre höchst tadelnswerth, selbst wenn die Untersuchung ergeben würde, dass die sog. freie Energie den Bedingungen einer Energieform genügt; thatsächlich widerspricht sie aber dem Satz von der Aequivalenz der Energiewerthe[2]).

Die »freie Energie« stimmt, wie von Helmholtz später selbst anerkennt, mit der von Herrn Massieu schon früher aufgestellten charakteristischen Funktion überein[3]),

---

[1]) M. vgl. oben S. 124ff.

[2]) M. vgl. oben S. 139.

[3]) III. S. 93.

mit dem Unterschiede, dass letztere das entgegengesetzte Vorzeichen hat und nur für zwei Veränderliche entwickelt ist. Auch hat die charakteristische Funktion von Herrn Massieu eine rein formale mathematische Bedeutung.

In solcher Beschränkung ist die Einführung dieser Funktion einwandsfrei, und Herr Massieu gelangt dadurch in seiner »Théorie des vapeurs«[1]) zu beachtenswerthen Formeln. Dagegen ist die scheinbar allgemeinere Entwicklung und die physikalische Deutung, die v. Helmholtz seiner »freien Energie« geben will, wie wir sahen, mit fundamentalen Fehlern behaftet.

Also, das Gute in den Ausführungen unseres Autors ist nicht neu, und das Neue nicht gut.

Auf seine obigen analytischen Ausführungen lässt er dann eine jener, scheinbar einen weiten Ausblick gebenden, in Wahrheit aber nichtssagenden Bemerkungen folgen, denen wir in seinen Schriften so häufig begegnen. Er schreibt nämlich:

> »Wir bedürfen schliesslich in diesem Gebiete noch eines Ausdrucks, um das, was die theoretische Mechanik bisher als lebendige Kraft oder aktuelle Bewegung bezeichnet hat, deutlich zu unterscheiden von den Arbeitsäquivalenten der Wärme, die doch auch grösstentheils als lebendige Kraft unsichtbarer Molekularbewegungen aufzufassen sind. Ich möchte vorschlagen, erstere als die lebendige Kraft geordneter Bewegung zu bezeichnen. Geordnete Bewegung nenne ich eine solche, bei welcher die Geschwindigkeitskomponenten der bewegten Massen als differenzirbare Funktionen der Raumkoordinaten angesehen werden können. Ungeordnete Bewegung dagegen wäre eine solche, bei welcher die Bewegung jedes einzelnen Theilchens keinerlei Art von Aehnlichkeit mit der seiner Nachbarn zu haben brauchte. *Wir haben allen Grund, zu glauben, dass die Wärmebewegung von letzterer*

[1]) Mémoires présentés à l'Académie des sciences. T. XXII, No. 2.

> *Art ist, und man dürfte in diesem Sinne die Grösse der Entropie als das Maass der Unordnung bezeichnen!«* [1])

Hier kann man doch nicht anders als an das Wort denken, das zur rechten Zeit sich einstellt. Freilich ist das Wort, das sich eingestellt hat, sehr wenig zweckmässig.

Unsere Naturerkenntniss beruht auf der Voraussetzung, dass in der Natur alles gesetzmässig und somit geordnet geschieht, das müssen wir demnach auch von der Bewegung annehmen, als die man die Wärme aufzufassen sucht.

Also kann »ungeordnet« hier nur eine unpassende Bezeichnung einer Bewegung sein, deren Ordnung oder Gesetz so verwickelt ist, dass wir es nicht formuliren können. Aber dann giebt diese sogen. Unordnung gar kein unterscheidendes Merkmal der Wärmebewegung von der mechanischen Bewegung; denn auch diese kann, z. B. beim Schütteln, sehr verwickelt und unberechenbar sein. Ausserdem wendet er auch, wie wir später sehen werden, die Entropie auf ganz geordnete mechanische Bewegungen an. Also die ganze Aeusserung sagt mit vielen Worten nichts.

Er fährt fort:

> »Für unsere dem Molekularbau gegenüber verhältnissmässig groben Hülfsmittel ist nur die geordnete Bewegung wieder in andere Arbeitsformen frei verwandelbar.«

Dazu macht er noch die Anmerkung:

> »Ob eine solche Verwandlung den feinen Strukturen der lebenden organischen Gewebe gegenüber auch unmöglich sei, scheint mir immer noch eine offene Frage zu sein, deren Wichtigkeit für die Oekonomie der Natur in die Augen springt[2]).«

Bisher musste der Leser annehmen, die Unterscheidung der »freien« und der »gebundenen« Energie sei eine nothwendige, in der Natur der Energie begründete. Nach der vorstehenden Aeusserung soll es jedoch möglich sein, dass sie nur für unsere »verhältnissmässig groben Hülfsmittel« besteht. Dann ist sie also kein Naturgesetz und v. Helm-

[1]) II. S. 971 a. E. u. S. 972.

[2]) S. 972.

holtz hätte statt seiner allgemeinen theoretischen eine technische Abhandlung über die Verwandlung der Wärme in Arbeit durch die verschiedenen Maschinen schreiben müssen.

Und nun die wunderbare Anmerkung! Im lebenden Organismus soll die freie Verwandlung der Wärme im Gegensatz zu der unorganischen Natur wohl möglich sein! Da wären wir ja denn glücklich wiederum bei einer Art von Lebenskraft angelangt, die nach Gesetzen wirkt, die in der unorganischen Natur nicht gelten!

Aus seinen oben angeführten Gleichungen zieht von Helmholtz weitere analytische Folgerungen, auf die wir nach den vorstehenden Erörterungen nicht einzugehen brauchen. Wir schliessen daher die Besprechung seines vorliegenden Aufsatzes mit einer kurzen Zusammenfassung ihrer Ergebnisse.

Die Behauptung von v. Helmholtz, dass die Vorgänge in schwachen galvanischen Strömen thermodynamisch umkehrbar sind, ist falsch, und ebenso falsch ist seine analytische Darstellung derselben.

Der Begriff der »freien Energie« ist verworren, und deren allgemeine analytische Darstellung widerspricht dem Prinzip der Energieerhaltung.

In einem zweiten Aufsatze »Zur Thermodynamik chemischer Vorgänge[1])« sucht v. Helmholtz seine soeben erörterte Theorie experimentell zu prüfen. Er beginnt den Aufsatz mit den Worten:

> »Es lag mir daran, für die thermodynamischen Theoreme, die ich in meiner . . . Mittheilung aus dem zweiten Axiom der mechanischen Wärmetheorie hergeleitet hatte, genauer quantitativ durchgeführte experimentelle Prüfungen an geeigneten Beispielen anzustellen.«

Nun, wird hier der Leser sagen, das konnte doch nicht schwer sein; denn die Theorie sollte ja für alle »bei konstant erhaltener Temperatur von selbst eintretenden und fort-

---

[1]) II. S. 979 ff.

schreitenden chemischen Prozesse« gelten[1]), und deren giebt es sehr viele. Aber wir werden sofort eines anderen belehrt; denn v. Helmholtz fährt fort:

»Die Zahl der dafür passenden Fälle ist bisher nicht gerade gross. Um die Anwendbarkeit der Theoreme zu prüfen, muss die betreffende chemische Veränderung in mindestens zwei verschiedenen Weisen zu genau messbarer und reversibler Arbeitsleistung verwendet werden können.«

Also eine allgemeine Theorie, die sich nur in vereinzelten Fällen prüfen lässt. Soll das Naturwissenschaft sein?

Uebrigens werden wir bald sehen, was es mit den »genauer quantitativ« durchgeführten Experimenten auf sich hat. v. Helmholtz verwendet dazu Konzentrationsströme, die durch Entgegenschaltung von zwei Chlorzink-Kalomelelementen mit ungleich konzentrirten Lösungen erhalten wurden, und nimmt für sie eine Beziehung zwischen ihrer elektromotorischen Kraft und der Dampfspannung ihrer Flüssigkeiten an. Eine solche Beziehung wird auch thatsächlich vorhanden sein, aber die Formeln von Helmholtz stellen sie jedenfalls nicht richtig dar.

Gleich seine einleitenden Bemerkungen lassen wenig Gutes erwarten. Denn erstens betrachtet er die Vorgänge in den genannten Strömen als thermodynamisch reversibel, wogegen das oben[2]) Bemerkte geltend zu machen ist, und dann ist auch seine Auffassung der chemischen Vorgänge in denselben ganz unzulänglich. Nachdem er nämlich zuerst auseinandergesetzt hat, dass durch einen von ihrer elektromotorischen Kraft erregten Strom in ihnen Zink aufgelöst und die äquivalente Menge Kalomel reduzirt wird, wogegen ein entgegengesetzter Strom entgegengesetzt wirkt, fährt er fort:

»Bei verschiedener Konzentration der Flüssigkeit ändert sich in diesen Vorgängen nur, dass das neugebildete Zinkchlorid in eine anders konzentrirte

---

[1]) M. verg. oben S. 166 a. E.

[2]) S. 169 f.

Lösung desselben Salzes eintritt, beziehlich das ausgeschiedene aus einer solchen austritt.« [1])

Das ist nun jedenfalls ganz unrichtig; vielmehr ist bei verschieden konzentrirten Lösungen auch die Bildung basischer Salze und Wasserzersetzung zu berücksichtigen.

Zur Anwendung seiner Formeln auf die genannten Ströme wählt er als unabhängige Veränderliche die Wassermenge w und die gelöste Salzmenge s und setzt die »freie Energie«

$$\mathfrak{F} = (w + s) F_h, \qquad [1a]^{2)}$$

worin $h = \frac{w}{s}$ ist, und die Funktion F_h für die Masseneinheit den Arbeitsaufwand bezeichnet, der nöthig ist, um Wasser und Salz von einander zu trennen. Mit Berücksichtigung des Werthes von h folgt dann, da s konstant ist,

$$\frac{d\mathfrak{F}}{dw} = \frac{d}{dh}\left[(1 + h) F_h\right]. \qquad [1c]$$

Die Grösse $\frac{d\mathfrak{F}}{dw}$ ist hierin „*als die Kraft zu bezeichnen, mit der Wasser von der Lösung angezogen wird*“ [3]).

Ferner bezeichnet er mit p den Druck des Dampfes, mit v das Volumen der Masseneinheit und setzt

$$\frac{d\mathfrak{F}}{dw} = -\int_{h=\infty}^{h=h} p\, dv, \qquad [2]$$

wobei, wie er hervorhebt, die kleinen Aenderungen im Volumen der tropfbaren Flüssigkeiten vernachlässigt sind, die übrigens ohne Schwierigkeit in die Formeln eingeführt werden könnten.

Das würde allerdings nicht schwer sein, wohl aber dürfte es unmöglich sein, der Gleichung [2] einen Sinn beizulegen: denn, wie wir eben hörten, ist $\frac{d\mathfrak{F}}{dw}$ eine Anziehungskraft und $\int p\, dv$ ist eine Arbeit, und es ist widersinnig, beide einander allgemein gleich zu setzen.

---

[1]) II, S. 981.

[2]) S. 983.

[3]) S. 984.

Dass von Helmholtz dieses that, war nur möglich, weil er an die Stelle mathematisch-physikalischer Methode ein leeres Formelspiel setzt, wobei er nicht einmal die Dimensionen der von ihm eingeführten Grössen beachtet.

Auch ist es eine Eigenthümlichkeit von ihm, kleine Vernachlässigungen, deren Berechtigung ohne Weiteres klar ist, wie hier die des Wasservolumens, zu erörtern, und die gröbsten Nachlässigkeiten, wie die Gleichsetzung von Anziehungskraft und Arbeit, stillschweigend zu begehen.

Die Grössen p und v in Gleichung [2], »die dem gesättigten Dampfe des reinen Wassers, d. h. dem Werthe $h = \infty$, entsprechen«, bezeichnet von Helmholtz mit P und V und unterscheidet bei Berechnung des Integrals drei Perioden.

> »Erstens müssen wir die Wassermenge d W aus reinem Wasser verdampfen lassen, dies giebt als entsprechenden Betrag des obigen Integrals die Arbeit
>
> $$P \cdot V \cdot d\,w\text{«}\ ^{1)}.$$

Es ist aber $P\,V = \int p\,d\,v$, wenn $p = \text{Const.} = P$ ist; also nimmt von Helmholtz an, dass, wenn Wasser bei konstanter Temperatur verdampft, der Dampfdruck stets konstant und gleich dem für den gesättigten Dampf geltenden Maximum ist. Wusste der berühmte Physiker wirklich nicht, dass sich dabei erst ungesättigter Dampf bildet, und dass der Druck des ungesättigten Dampfes bei gleichbleibender Temperatur geringer ist als der des gesättigten?

Was können Formeln nützen, die mit so vollständiger Verachtung der Thatsachen aufgestellt werden?[2])

Nun folgt die zweite Periode.

> »Dann müssen wir den Dampf ausser Berührung mit Wasser sich weiter dehnen lassen, bis er das spezifische Volumen v_h des über der Salzlösung stehenden gesättigten Dampfes hat; dies giebt zum Integrale den Betrag:
>
> $$d w \int_V^{v_h} p\,d\,v.$$

[1]) II, S. 983.

[2]) M. vergl. den Zusatz auf Seite 231 ff.

»Endlich ist der Dampf in Berührung mit der Salzlösung unter dem konstant bleibenden Drucke p_h zu komprimiren.

Dies giebt den letzten Betrag:

$$-p_h v_h \, dw.$$

Folglich ist

$$\frac{d\mathfrak{F}}{dw} = -P \cdot V - \int_V^{v_h} p \cdot dv + p_h \cdot v_h,$$

oder nach partieller Integration:

$$\frac{d\mathfrak{F}}{dw} = \int_P^p v \, dp = -\int_h^\infty v \frac{dp}{dh} dh.\text{«}\ ^{1)} \qquad [2a]$$

Nach der Gleichung [1c] ist nun $\frac{d\mathfrak{F}}{dw}$ eine Funktion von h allein, und ebenso sind auf der rechten Seite der letzten Gleichung v und p nur Funktionen von h; also folgt durch Differenziren derselben nach h

$$\frac{d^2}{dh^2}\Big[(1+h)\,F_h\Big] = v_h \frac{dp}{dh}. \qquad [2b]$$

Wird andererseits die Gleichung [1a] nach s differenzirt, nachdem h s für w gesetzt ist, so erhält man

$$\frac{d\mathfrak{F}}{ds} = (1+h)\,F_h - h\frac{d}{dh}\Big[(1+h)\,F_h\Big], \qquad [1d]$$

und, wenn J die Stromintensität, q die von der Stromeinheit in der Zeiteinheit gelöste Salzmenge, t die Zeit bezeichnet,

$$\frac{d\mathfrak{F}}{ds} J \cdot q \cdot t = J \cdot q \cdot t \left\{(1+h)\,F_h - h\frac{d}{dh}\Big[(1+h)\,F_h\Big]\right\}.$$

Hiernach setzt v. Helmholtz die elektromotorische Kraft

$$A = -q\left\{(1+h)\,F_h - h\frac{d}{dh}\Big[(1+h)\,F_h\Big]\right\}, \qquad [2c]$$

wonach durch Differentiation

$$\frac{dA}{dh} = q\,h \cdot \frac{d^2}{dh^2}\Big[(1+h)\,F_h\Big] = q \cdot h \cdot v \cdot \frac{dp}{dh} \qquad [2d]$$

wird.

---

1) II, S. 984.

Aus der Gleichung [2c] und der vorhergehenden würde aber wiederum wie oben der Widersinn folgen, dass der Differentialquotient einer Energie $\mathfrak{F}$ gleich einer Energie A ist; denn die Konstante q kann gleich 1 gesetzt werden.

Also auch hier beachtet Helmholtz nicht die Einheiten seiner Gleichungen.

Durch Integration der Gleichung [2d] erhält er

$$A_1 - A_0 = q \int_0^1 h \cdot v \cdot \frac{d\,p}{d\,h}\,dh. \qquad [2e]$$

Aus dieser Gleichung berechnet v. Helmholtz »die den Unterschieden des Wassergehaltes der Lösung entsprechenden elektromotorischen Kräfte aus den Dampfspannungen« nach einem Verfahren, gegen das wiederum wesentliche Einwendungen zu erheben sind. Er nimmt nämlich an, dass bei Temperaturen unter 40^0 für gesättigte Dämpfe die Gesetze der vollkommenen Gase gelten, bezeichnet mit »$V_0\,P_0$ die Grössen von v und p für reines Wasser bei der absoluten Temperatur Θ«[1]) und kann demnach

$$\frac{P_0\,V_0}{\Theta} = \frac{p\,v}{\vartheta} \qquad [3]$$

setzen, wodurch die Gleichung [2e] in

$$A_1 - A_0 = \frac{\vartheta\,q\,P_0\,V_0}{\Theta} \int_0^1 h\,d\,\frac{\log p}{d\,h}\,d\,h \qquad [3a]$$

übergeht.

Die Anwendung des Mariotte'schen Gesetzes auf gesättige Dämpfe könnte nun aber überhaupt nur in technischen Berechnungen als gelegentlicher Nothbehelf zulässig sein, hier aber, wo es sich um eine genaue Bestimmung sehr kleiner Grössen handelt, wird sie Fehler ergeben, die grösser als die zu berechnenden Grössen sind. Ausserdem entsteht dadurch ein Widerspruch gegen die Voraussetzungen der Gleichung [2e]. Denn diese beruht auf der Bestimmung der drei von v. Helmholtz angenommenen Theile des Integrals $\int p\,d\,v$ in

[1]) II, S. 985 a. E.

Gleichung [2] und der sich daraus ergebenden Gleichung [2a]; wenn in Gleichung [2e] für die gesättigten Dämpfe die Gesetze der vollkommenen Gase angenommen werden, muss daher dieselbe Annahme auch für die angeblichen Theile des Integrals in Gleichung [2] und für Gleichung [2a] gelten können, da andernfalls in Gleichung [2e] eine Annahme eingeführt würde, die den Voraussetzungen der Gleichung nicht entspricht. Durch diese Annahme würde aber, da bei dem ganzen durch $\int p\,dv$ dargestellten Vorgange die Temperatur konstant bleiben soll, $\int_{V}^{v_h} p\,dv$ nach der Formel für die Isothermen vollkommener Gase zu bestimmen und somit gleich $R\vartheta \lg\left(\frac{v_h}{V}\right)$ sein, und es würde, wie leicht ersichtlich, nicht mehr die Gleichung [2a] erhalten werden.

Also die ganze Entwickelung der Formeln ist in sich widerspruchsvoll. Andere Einwendungen, die sich noch gegen sie erheben liessen, mögen unerwähnt bleiben.

Nun noch einiges über die »Berechnung der Versuche«. Helmholtz hatte »quantitativ genaue« Bestimmungen in Aussicht gestellt, erkennt aber selbst an, dass er diese nicht ausführen kann, indem er schreibt:

> »Im Verlaufe der Versuche stellten sich freilich dabei einige Schwierigkeiten heraus, die zu ihrer vollständigen Lösung die Hülfe eines in chemischen Arbeiten gewandteren Beobachters verlangen würden.« [1])

Und ferner:

> »Ein Hinderniss für exakte Ausführung der Messungen bildet die grosse Neigung des Chlorzinks, basische Salze zu bilden.« [2])

Ueberdies weiss er nicht einmal genau, ob die von ihm verwendeten, von Herrn Moser bestimmten Dampfspannungen für die von ihm verwendeten Lösungen passen. Er glaubt, annehmen zu dürfen, »dass Herrn Moser's Lösungen ähn-

[1]) S. 981.
[2]) S. 989.

licher Art waren« wie die seinigen, kann es aber nicht sicher feststellen, denn Herr Moser hat über »diesen Punkt, sowie über die Art, wie er die Konzentration der Lösungen bestimmt hat, nichts angegeben«.[1])

Die von ihm berechnete empirische Formel für die Dampfspannungen passt auch nur »*ziemlich gut*«[2]) auf die Beobachtungsreihe.

Wir gelangen also auch hier wiederum zu dem nothwendigen Schlusse, dass die theoretischen Auslassungen unseres Autors verworren und in sich widerspruchsvoll und seine Versuche ungenau und unzuverlässig sind.

In seinem dritten Aufsatze »Zur Thermodynamik chemischer Vorgänge«[3]) bereitet v. Helmholtz selbst denjenigen Lesern, die seine vorhergehenden Arbeiten kennen, eine ganz besondere Ueberraschung. Er wendet nämlich darin die »freie Energie«, die er für thermodynamisch umkehrbare Vorgänge abgeleitet haben will, ohne Weiteres auf die Verbrennung des Knallgases an. Aber wenn diese umkehrbar ist, welcher Vorgang ist dann nicht umkehrbar? Wenn Knallgas verbrennt und Wasser dissociirt wird, so durchlaufen die Atome in beiden Fällen jedenfalls nicht denselben Weg in entgegengesetzten Richtungen; das zeigt, von allem Anderen abgesehen, schon die Verschiedenheit der Zeiten.

Man sieht hier wiederum die erstaunliche Unstetigkeit in dem Denken unseres Autors. In seinem ersten thermodynamischen Aufsatze verspricht er eine Theorie zu geben, die für alle freiwilligen, bei konstanter Temperatur verlaufenden chemischen Vorgänge gilt[4]). Also müsste deren Prüfung auch für alle oder wenigstens für viele derartige Vorgänge möglich sein. In seinem zweiten thermodynamischen Aufsatze erklärt er dagegen, dass die Anzahl der Beispiele, an

---

[1]) S. 990.

[2]) S. 988, Z. 4 v. o.

[3]) III, S. 92 ff.

[4]) Oben, S. 166 a. E.

denen sich seine Theorie prüfen lässt, nicht gerade gross ist[1]), und beschränkt sich auf ein Beispiel, auf das sie nicht passt. Hier, in seinem dritten thermodynamischen Aufsatze, wendet er seine Theorie in einer solchen Ausdehnung an, dass sie für fast alle chemischen Vorgänge gelten und somit auch zu prüfen sein müsste. Also Behauptungen zur Auswahl!

Die Formel, die er auf so willkürlicher Grundlage für die Differenz zwischen der »freien Energie« des Knallgases und des Wassers entwickelt, ist weder von ihm noch von Anderen geprüft, wir brauchen daher nicht auf sie einzugehen.

In demselben Aufsatze sucht er auch mittelst der »freien Energie« nachzuweisen, dass die Arbeitsleistung bei der Elektrolyse der verdünnten Schwefelsäure von der Menge der in ihr gelösten Gase abhängt, indem er folgende Formel entwickelt:

$$\mathfrak{F}_g - \mathfrak{F}_w = C + \frac{1}{A} k \vartheta \log\left(\frac{\vartheta}{\vartheta_0}\right) + \vartheta \left\{ R_h \frac{2\alpha_h}{2\alpha_h + \alpha_0}\left[1 - \log v_h\right] + R_0 \frac{\alpha_0}{2\alpha_h + \alpha_0}\left[1 - \log v_0\right] - H \right\} \qquad [3]$$

Hierin bedeuten:

$\mathfrak{F}_g$, $\mathfrak{F}_w$ die »freien Energien« der getrennten Gase H_2, O und die des Wassers, C und H Konstanten, ϑ_0 eine Normaltemperatur, v_h, v_0 die spezifischen Volumina, welche über der Flüssigkeit stehendes Gas haben müsste, um denselben Grad der Sättigung hervorzubringen, den das in den Grenzschichten an der Elektrode gelöste Gas hat. Ferner ist

$$R = \frac{p\,v}{\vartheta}.$$

> »Auch in diesem Falle kann also, wenn noch sehr wenig Gas gelöst ist und die betreffenden v daher sehr gross sind, der Werth ($\mathfrak{F}_g - \mathfrak{F}_w$) gleich Null oder selbst negativ werden. Stabiles Gleichgewicht der chemischen Kräfte ist hiernach im Wasser überhaupt nur bei einem gewissen minimalen Grade der Dissociation seiner Elemente möglich, und andererseits wird um so geringerer Arbeitsaufwand durch eine dazu angewendete elektromotorische

[1]) Oben, S. 180.

Kraft nöthig sein, um neue Zersetzungen hervorzubringen, je weniger von den betreffenden Gasen im Wasser schon aufgelöst ist[1])«.

Die vorstehende Formel führt aber auch zu einem anderen, sehr seltsamen Ergebnisse, wenn man sie mittelst der von v. Helmholtz gegebenen Grössenbestimmungen umformt. Derselbe stellt nämlich für die Gasmenge m, welche in dem Wasservolumen V unter dem Druck p zur Sättigung gelöst ist, die Gleichung auf[2]):

$$\frac{b\,p}{\vartheta} = \frac{R\,m}{V}, \qquad [2]$$

worin b den Bunsen'schen Absorptionskoeffizienten bezeichnet. Berücksichtigt man nun, dass $R = \frac{p\,v}{\vartheta}$ ist, so folgt

$$v = \frac{b\,V}{m},$$

und wenn dieser Werth in die Gleichung [3] eingesetzt wird, zeigt sich, dass $\mathfrak{F}_g - \mathfrak{F}_w$ für sehr grosse Werthe von $\frac{V}{m}$ verschwindend klein oder negativ wird. Nun wird der Quotient $\frac{V}{m}$ sehr gross werden, wenn die Gasmenge m oder die Wassermenge, durch deren Zersetzung sie entstanden ist, sehr klein gegen V ist; aus der Formel würde also folgen, dass zur Zersetzung eines Theiles eines Wasservolumens eine um so geringere Arbeit erforderlich ist, je kleiner dieser Theil gegen das Gesammtvolumen ist. Zur Zersetzung eines Kubikmillimeter Wasser aus einem Liter wäre also eine grössere Arbeit erforderlich, als zur Zersetzung derselben Menge aus einem Kubikmeter, was allen Erfahrungen widerspricht.

Also die Formel [3] ist willkürlich aufgestellt, da die Elektrolyse nicht thermodynamisch umkehrbar, und daher die sogen. freie Energie auf sie nicht anzuwenden ist[3]), und sie führt überdies zu einem der Erfahrung durchaus widersprechenden Ergebnisse.

---

[1]) III, S. 106.

[2]) S. 105.

[3]) M. vergl. oben S. 169 f.

In einem Aufsatze über »Weitere Untersuchungen, die Elektrolyse des Wassers betreffend«[1]), sucht v. Helmholtz die von ihm für die Elektrolyse aufgestellte Formel durch Versuche zu beweisen.

Er beschreibt dort zwei Voltameter, von denen jedes an das obere Ende einer U-förmigen Barometerröhre angeschmolzen war, die mit Quecksilber gefüllt wurde. In dem einen (a) war die Luft stark verdünnt, in dem andern (b) war ungefähr Atmosphärendruck. Das Voltameter (a) war so geblasen, dass die elektrolytisch entwickelten Gase sich in seiner Wölbung zu einer Gasblase vereinigten. *Ihr Durchmesser wurde mit einem von oben angelegten Millimetermaassstabe gemessen, und seine Zunahme sollte anzeigen, dass Elektrolyse stattfindet.* In dem Voltameter (b) sollte diese dadurch erkannt werden, dass der Stand der beiden Quecksilberkuppen in der U-förmigen Barometerröhre an jedem Tage abgelesen, und daraus der Gasdruck im Voltameter mit Correction wegen des Dampfdruckes berechnet wurde.

So wurde gefunden, dass bei einem Drucke von 10 mm Wasser im Voltameter (a) 1,64 Volts, und bei einem corrigirten Drucke von 742 mm Quecksilber im Voltameter (b) 1,82 Volts nothwendig waren, um eine wahrnehmbare Vermehrung der vorhandenen Gasmengen zu bewirken. Die letztere Zahl wurde jedoch ohne triftigen Grund verworfen und dafür 1,78—1,75 gewählt. Dadurch wurden Theorie und Beobachtung in Uebereinstimmung gebracht: denn die Differenz 1,78—1,64 beträgt 0,14, während die nach der Theorie berechnete Differenz 0,1305 war.

Diese Versuche können, wie jeder mit gasometrischen Methoden einigermassen vertraute Physiker sofort sieht, in keinem Falle auf den Namen von Messungen Anspruch machen. Denn, von anderem abgesehen, liess sich offenbar der Durchmesser der Gasblasen in dem Voltameter (a) nach dem von v. Helmholtz angewendeten Verfahren garnicht sicher bestimmen.[2])

[1]) III, S. 267 ff.

[2]) M. vergl. Th. Gross, »Ueber die Anwendung des zweiten Hauptsatzes u. s. w.« in Exner, Repertorium d. Physik, 1890, 8, S. 487 ff.

Aber wenn die Versuche auch noch so genau gewesen wären, hätten sie für seine Theorie nichts beweisen können. Denn zunächst musste selbstverständlich in dem Voltameter (a), worin die Gasvolumina fast 1000 Mal grösser waren, eine weit geringere Gasentwickelung wahrnehmbar sein, als in dem Voltameter (b). Ferner erreichte unter den Bedingungen der Versuche die Polarisation nicht ihr Maximum, und nahm daher mit der Vermehrung der elektromotorischen Kraft zu. Wurde also die elektromotorische Kraft um einen geringen Betrag gesteigert, so entstand dadurch nur eine verschwindend kleine Zunahme des Stromes, und demnach auch nur eine verschwindend kleine Gasentwickelung, die wohl in dem Voltameter (a), aber nicht in (b) wahrnehmbar war. Erst, wenn die elektromotorische Kraft die Polarisation merklich überstieg, wurde die Gasentwickelung reichlicher und konnte dann auch unter dem stärkeren Drucke im Voltameter (b) beobachtet werden.

Wenn v. Helmholtz eine Gasentwickelung in (a) bei geringerer elektromotorischer Kraft als in (b) wahrnahm, so erklärt sich hiernach dieser Umstand einfach aus dem Mariotte'schen Gesetze und dem Verhalten der Polarisation, und er beweist nichts für seine Theorie.

Die Versuche würden selbst dann nicht für diese sprechen, wenn für die wahrnehmbare Gasentwickelung die berechnete untere Grenze der elektromotorischen Kraft mit der beobachteten übereingestimmt hätte; weil, bei den verwickelten Bedingungen und der sehr geringen Ausdehnung der Versuche, die Uebereinstimmung zufällig sein könnte. Aber auch davon kann nicht die Rede sein; denn erstens sind, wie erwähnt, die Versuche überhaupt nicht als messende anzusehen, und dann findet v. Helmholtz für die genannte Grenze in (b) 1,82 Volt und setzt dafür ganz willkürlich 1,78 Volt, bloss, weil diese Zahl ihm besser passte. Wozu aber überhaupt Versuche machen, wenn man deren Resultate nach Belieben ändert?

Schliesslich ist noch allgemein zu bemerken, dass von Helmholtz die Unterscheidung zwischen umkehrbaren und nicht umkehrbaren Vorgängen, wie üblich für eine wesentliche Voraussetzung thermodynamischer Formeln hielt und dass er die freie Energie nur für umkehrbare Vorgänge abgeleitet hatte, wogegen Elektrolysen mit Gasentwickelung, auf die er sie hier anwendet, jedenfalls nicht thermodynamisch umkehrbar sind.

Also, die Versuche entbehren jeder Genauigkeit, ihre Resultate sind willkürlich geändert, ihre Auslegung lässt allgemein bekannte Thatsachen ganz ausser Acht, und die Formel der »freien Energie« ist willkürlich auf sie angewendet.

Während v. Helmholtz in seinen bisher besprochenen thermodynamischen Arbeiten von der Voraussetzung ausging, dass die mechanische Energie im Gegensatz zur Wärme vollständig verwandelbar ist, will er in den »Studien zur Statik monocyklischer Systeme« [1]) nachweisen, dass unter gewissen Bedingungen auch die mechanische Energie nur beschränkt verwandelbar sein kann.

Unter den monocyklischen Systemen versteht er

> »solche mechanische Systeme, in deren Innerem eine oder mehrere stationäre in sich zurücklaufende Bewegungen vorkommen, die aber, wenn es mehrere sind, in ihrer Geschwindigkeit nur von einem Parameter abhängen.« [2])

Ferner sollen zwischen den einzelnen Körpern des Systems nur konservative Kräfte oder feste Verbindungen bestehen, während die hinzukommenden äusseren Kräfte nicht konservativ zu sein brauchen, und die Aenderungen des Systems sollen mit verschwindender Geschwindigkeit erfolgen, weshalb die behandelten Aufgaben als statische bezeichnet werden.

Das »Hauptinteresse« solcher Untersuchungen liegt für ihn eben darin,

> »dass auch die Wärmebewegung, wenigstens in ihren nach aussen hin beobachteten Wirkungen, die wesentlichen Eigenthümlichkeiten eines monocyklischen

[1]) Erster Aufsatz III, S. 119 ff; die folgenden sich anschliessend.

[2]) S. 119.

Systemes zeigt, und dass namentlich die beschränkte Verwandlungsfähigkeit der Arbeitsäquivalente, die in die Form von Wärme übergegangen sind, auch für die Arbeit der monocyklischen Systeme unter gewissen Bedingungen gilt.« [1])

Auch für uns sind die Studien über die monocyklischen Systeme hier nur insofern von Bedeutung, als sie über seine allgemeinen Vorstellungen und seine Methode in der Energetik Aufschluss geben; in diesem Sinne werden wir sie daher auch hier erörtern, indem wir uns die Untersuchung einzelner mechanischer Fragen für einen anderen Ort vorbehalten.

Nun ist gleich hervorzuheben, dass wir zwar die mechanische Energie, wie oben erwähnt wurde, allgemein für unvollständig verwandelbar halten müssen; aber von dem Standpunkte unseres Autors aus ist es doch sehr seltsam, dass er dieselbe zuerst für vollständig verwandelbar erklärt und dann nachweisen will, dass sie in einer ganzen Gruppe von Vorgängen nur beschränkt verwandelbar ist. Sollen denn bei Naturgesetzen Ausnahmen gelten, wie bei blossen Regeln?

Allerdings nimmt er, wie wir sehen werden, die beschränkte Verwandelbarkeit der mechanischen Energie nur in Fällen an, wo mit einander verbundene Systeme ihre innere Bewegung nur durch diese »Koppelung« ohne Einwirkung von aussen ändern können; aber auch die Wärme ist nur unter der Voraussetzung beschränkt verwandelbar, dass die Massen, zwischen denen Wärmewirkungen stattfinden, sich selbst überlassen bleiben.

Denn setzt man die eine von zwei Massen, die sich im Temperatur-Gleichgewicht befinden, und zwischen denen daher keine Wärme übergeht, mit einer dritten Masse von niedrigerer Temperatur in Verbindung, so kann sie an diese wiederum Wärme abgeben, und solange sie sich noch nicht auf dem absoluten Nullpunkte befindet, und daher noch nicht ganz frei von Wärme ist, lassen sich immer Massen annehmen, deren Temperatur niedriger als die ihrige ist.

---

[1]) Ebenda.

Die Aufgabe, die sich von Helmholtz in seinem vorliegenden Aufsatze stellt, steht also in entschiedenem Widerspruche zu seinen früheren Auslassungen, wonach er zwischen mechanischer Energie und Wärme den prinzipiellen Unterschied zu finden glaubte, dass die eine vollständig, die andere unvollständig verwandelbar sein sollte.

Dieses Widerspruches wird er sich aber so wenig bewusst, dass er für mechanische Vorgänge auch eine Entropiegleichung aufstellt, und auch ausdrücklich von der Entropie mechanischer Vorgänge spricht[1]), während wir früher hörten, dass die Grösse der Entropie das »*Maass der Unordnung*« bei der ungeordneten Wärmebewegung ist[2]).

Also eine Funktion, die er als das »Maass der Unordnung« auffasst, schreibt er einer vollkommen geordneten Bewegung zu.

Das heisst doch wirklich, »das Maass der Unordnung« voll machen!

Wir müssen ihm daher auch hier wiederum Mangel an Kritik und logischer Konsequenz in den Prinzipien seiner Arbeiten vorwerfen, und denselben Mangel zeigt auch deren Ausführung im Einzelnen.

Er beginnt mit einer »Rekapitulation« der von ihm aufgestellten thermodynamischen Formeln[3]), wobei er in die sogenannte Hauptgleichung der mechanischen Wärmetheorie wiederum mehrere Parameter einführt; es ist daher das oben darüber Bemerkte auch hier wiederum geltend zu machen.

Die Entropiegleichung stellt er in der Form auf:

$$dQ = \eta \, ds \quad [1a]$$ [4]),

worin s eine Funktion der Entropie S bedeutet, und

$$\eta = \vartheta \frac{dS}{ds}$$

ist.

Ueber die Grenzen, in denen seine Formeln gelten, äussert er sich hierauf wie folgt:

---

1) III, S. 157. Gleichungen [8].
2) M. vergl. oben S. 172.
3) III, S. 120 ff. § 1.
4) III, S. 123.

»Endlich ist noch auf einen Umstand zu merken, den ich schon in meiner ersten thermodynamischen Abhandlung vom 2. Februar 1882 betont habe. In den Gleichungen [1] *kommt als Arbeit keine lebendige Kraft der Theile des Systems vor*, d. h. es ist vorausgesetzt, dass die Aenderungen d p_a so langsam vor sich gehen, dass die lebendigen Kräfte der in geordneter Bewegung begriffenen Massen gegen die übrigen Arbeitsäquivalente verschwinden[1]) u. s. w.

Wenn wir nun aber den Aufsatz, auf den er verweist, nachsehen, so lesen wir dort in Bezug auf die betrachtete Gleichung, dass die P_a d p_a die ganze bei der Aenderung d p_a zu erzeugende, frei verwandelbare Arbeit bezeichnet,

»welche theils auf die Körper der Umgebung übertragen, *theils in lebendige Kraft der Massen des Systems verwandelt werden kann*[2]).«

Beide Aeusserungen widersprechen sich offenbar, was unerwähnt bleiben könnte, wenn es sich nur um einen nebensächlichen Punkt handelte; aber man bedenke: v. Helmholtz will die Bedingungen der »Reversibilität« feststellen, die nach der geltenden, auch von ihm getheilten Auffassung ein Fundamentalbegriff der mechanischen Wärmetheorie ist. Also die fundamentale Voraussetzung seiner Untersuchung bestimmt er ganz widersprechend, ohne sich dieses Widerspruches bewusst zu sein. Da darf man sich freilich nicht wundern, wenn er, wie wir oben sahen, eben die thermodynamischen Formeln, denen er selbst nur für sehr langsame Aenderungen Geltung beilegt, auch auf die Explosion des Knallgases anwendet, ohne diese Willkür auch nur mit einem Worte zu erklären!

Für die rein mechanischen monocyklischen Systeme sucht er dann mittels der Bewegungsgleichungen von Lagrange zu Formeln zu gelangen, die den von ihm aufgestellten thermodynamischen ganz analog sein sollen[3]).

---

[1]) III, S. 123 a. E. u. S. 124.

[2]) M. vergl. oben S. 167.

[3]) III, S. 127 ff., § 2.

Dazu bezeichnet er wiederum eine Anzahl Koordinaten mit p und setzt die Geschwindigkeiten $\frac{d\,p_a}{d\,t} = q_a$. Die potenzielle Energie Φ des Systems ist eine Funktion der Koordinaten p_a allein, die lebendige Kraft L ist eine homogene Funktion zweiten Grades der Grössen q_a, deren Koeffizienten Funktionen der p_a sind. Bei der Bildung der partiellen Differenzialquotienten werden die p_a und q_a als unabhängige Veränderliche betrachtet. Aus der Beschaffenheit von L folgt

$$2\,L = \Sigma_a \left[q_a \frac{d\,L}{d\,q_a} \right]. \qquad [2a]$$

Die Bewegungsgleichungen von Lagrange stellt er alsdann in der Form auf

$$P_a = -\frac{d}{d\,p_a}\left[\Phi - L\right] - \frac{d}{dt}\left[\frac{d\,L}{d\,q^a}\right], \qquad [2b]$$

und setzt

$$\Phi - L = H. \qquad [2c]$$

Da Φ von den q_a unabhängig ist, wird

$$\frac{d\,L}{d\,q_a} = -\frac{d\,H}{d\,q_a},$$

und die genannten Gleichungen erhalten die Gestalt

$$P_a = -\frac{d\,H}{d\,p_a} + \frac{d}{dt}\left[\frac{d\,H}{d\,q_a}\right]. \qquad [2d]$$

Die Gesammtenergie ist hiernach

$$U = \Phi + L = H - \Sigma \left[q_a \frac{d\,H}{d\,q_a} \right]. \qquad [2e]$$

Für eine Gruppe von Koordinaten, die er mit p_b bezeichnet und als schnell veränderlich betrachtet, nimmt er nun an,

»dass die ihrer Veränderung entsprechende Art der Bewegung eine in sich zurücklaufende sei, und dass sich während dieser Bewegung weder Φ noch L merklich ändern, so dass also beide Grössen von den q_b, aber nicht von den p_b abhängig seien. Unter dieser Voraussetzung wird Gleichung [2d]

$$P_b = + \frac{d}{dt}\left[\frac{d\,H}{d\,q_b}\right].« \qquad [3]$$

Diese Gleichung multiplizirt er beiderseits mit $q_b\,dt$ und setzt

$$P_\mathfrak{b}\, q_\mathfrak{b}\, dt = -\, dQ$$

und

$$\frac{dH}{d\,q_\mathfrak{b}} = -\, s_\mathfrak{b}, \qquad [3\,a]$$

so dass nach Gleichung [3]

$$dQ = q_\mathfrak{b}\, d\, s_\mathfrak{b} \qquad [3\,b]$$

wird, »worin $d\, s_\mathfrak{b}$ das vollständige Differenzial der Grösse s bezeichnet.«

Ferner setzt er voraus,

> »dass die Aenderungen aller anderen $p_\mathfrak{a}$ und ebenso die der Grössen $q_\mathfrak{b}$ mit verschwindender Geschwindigkeit erfolgen, so dass alle mit $q_\mathfrak{a}$, $\frac{d\,q_\mathfrak{a}}{d\,t}$ oder $\frac{d\,q_\mathfrak{b}}{d\,t}$ multiplizirten Ausdrücke als verschwindende Grössen erster Ordnung zu behandeln sind.«[1])

Für die monocyklischen Systeme in dem oben angegebenen Sinne erhält er dann, wenn als einfachster Fall angenommen wird, dass in dem betrachteten Systeme nur eine Geschwindigkeit q vorkommt, aus den obigen allgemeinen die speziellen Formeln[2])

$$\left.\begin{aligned} P_\mathfrak{a} &= -\,\frac{dH}{d\,p_\mathfrak{a}}, \\ dQ &= q\, d\, s, \\ s &= -\,\frac{dH}{d\,q}, \\ U &= H - q\,\frac{dH}{d\,q}. \end{aligned}\right\} \qquad [5]$$

Hiernach stellt er für die monocyklischen Systeme die Gleichung

$$dQ = dU + \Sigma\,[P_\mathfrak{a}\, d\, p_\mathfrak{a}] = q\, d\, s \cdots (\alpha)$$

auf, wozu er bemerkt:

> »Diese Gleichungen sind vollkommen von gleicher Form, wie die oben aufgestellten für die Wärmebewegung. An Stelle der Temperatur ϑ oder der von ihr abhängigen Grösse η ist die Geschwindigkeit q getreten. Die Grösse d Q bedeutet hier die auf direkte Steigerung der inneren Bewegung gerichtete Arbeit,

---

1) III, S. 129a E. u. f.

2) S. 132, § 3.

wie dort, nur dass diese innere Bewegung jetzt von anderer Art ist als die Wärmebewegung.

Es ist also q hier integrirender Nenner der Gleichung $dQ = 0$ u. s. w.

Wir wollen nun aber genauer nachsehen, wie von Helmholtz zu der Gleichung (α) gelangt.

Nach der letzten der Gleichungen [5] ist

$$dU = dH - q\,d\left(\frac{dH}{dq}\right) - \frac{dH}{dq}\,dq,$$

und folglich, wenn nach der esten der Gleichungen [5] $P_a = -\frac{dH}{dp_a}$ gesetzt wird,

$$dQ = dU + \Sigma[P_a\,dp_a] = dH - q\,d\left(\frac{dH}{dq}\right) - \frac{dH}{dq}dq$$
$$- \Sigma\left[\frac{dH}{dp_a}dp_a\right].$$

Nun ist

$$\frac{dH}{dq}\,dq + \Sigma\,\frac{dH}{dp_a}\,dp^a = dH,$$

wenn dH das vollständige Differenzial von H bedeutet; also wird

$$dQ = dH - q\,d\left(\frac{dH}{dq}\right) - dH,$$

oder

$$dQ = -q\,d\left(\frac{dH}{dq}\right) = q\,ds,$$

wie von Helmholtz ansetzt.

Aber die Gleichung

$$P_a = -\frac{dH}{dp_a}$$

gilt nur für diejenigen P_a, die nicht zu den P_b gehören; denn für die letzteren ist nach Gleichung [3]

$$P_b = \frac{d}{dt}\left[\frac{dH}{dq_b}\right],$$

und wenn in Gleichung (α) unter $\Sigma[P_a\,dp_a]$ auch Glieder $P_b\,dp$ vorkommen, so gilt dieselbe nicht mehr.

Denn bezeichnet man alsdann die P_a, die nicht zu den P_b gehören, mit P_β, so dass die Indices $b + \beta = a$ sind, und zerlegt die $\Sigma P_a\,dp_a$ in zwei Teile, von denen der eine die

Glieder mit dem Index β, der andere diejenigen mit dem Index $\mathfrak{b}$ enthält, so bekommt die Gleichung (α) die Gestalt

$$dQ = dH - q\,d\left(\frac{dH}{dq}\right) - \frac{dH}{dq}\,dq - \Sigma\left[\frac{dH}{dp_\beta}dp_\beta\right] + \Sigma\left[\frac{d}{dt}\left(\frac{dH}{dq_\mathfrak{b}}\right)dp_\mathfrak{b}\right],$$

ndem $\frac{dH}{dp_\mathfrak{b}}$ fortfällt[1]), und dieser Ausdruck ist nicht auf die Form $dQ = q\,ds$ zu bringen, da die Summe der drei letzten Glieder auf der rechten Seite nicht gleich dem vollständigen Differenzial dH ist, und sich demnach nicht gegen dieses hebt.

Nun muss aber in der Gleichung für dQ ein $P_\mathfrak{b}$ vor kommen, denn sie enthält die Geschwindigkeit q einer in sich zurücklaufenden Bewegung, und dieses $P_\mathfrak{b}$ muss in $\Sigma P_\mathfrak{a}\,dp_\mathfrak{a}$ enthalten sein, da $dQ = dU + \Sigma P\,dp_\mathfrak{a}$ sein soll, und dU kein P enthält.

Die Gleichung (α) kommt hiernach nur zu Stande, in dem fälschlich für $P_\mathfrak{b}$ Ausdrücke von derselben Form wie die übrigen für $P_\mathfrak{a}$ eingesetzt sind.

Also die Theorie, die von Helmholtz für die Analogie zwischen monocyklischen und thermodynamischen Systemen aufstellt, beruht auf der Verwechslung zweier Formeln!

Hätte aber von Helmholtz sich die Tragweite der Aequivalenz der Energieformen klar gemacht, so hätte er einwandsfrei und allgemein feststellen können, dass für jeden thermodynamischen Vorgang ein mechanischer möglich ist und umgekehrt; der Art, dass beide durch eine Gleichung von derselben Form darzustellen sind, wobei jedoch Vorgänge, in denen rein thermodynamische oder rein mechanische Aenderungen vorkommen, wie nicht weiter ausgeführt zu werden braucht, nur als Grenzfälle anzunehmen sind.

Es sei die Gleichung

$$dQ = dU + P\,dp$$

für einen bestimmten thermodynamischen Vorgang gegeben, so dass U und P auch bestimmte Funktionen bezeichnen.

---

[1]) M. vergl. oben S. 195 Gl. [3].

Wird die Gleichung in mechanischen Einheiten dargestellt, so hängen diese Funktionen von Massenelementen und Koordinaten ab, und es ist d U + P d p das mechanische Aequivalent von d Q.

Wollte man nun annehmen, es sei zwar d U + P d p das mechanische Mass von d Q, aber es sei kein mechanischer Vorgang wirklich oder möglich, dessen unendlich kleine Teile durch die Summe beider Differenziale darzustellen sind, so würde das heissen, dass d Q entweder überhaupt kein wirkliches oder mögliches mechanisches Aequivalent hat, oder dass letzteres von der Summe d U + P d p verschieden ist. Beide Annahmen sind aber unhaltbar. Denn nach dem Prinzip der Erhaltung der Energie ist jede Wärmeänderung einer wirklichen oder möglichen mechanischen Energieänderung äquivalent, und letzere muss mit d U + P d p identisch gleich sein, da andernfalls d Q zwei quantitativ verschiedene mechanische Aequivalente besässe, was dem genannten Prinzip widerspräche.

Also, wenn eine Gleichung für einen thermodynomischen Vorgang gilt, ist auch ein mechanischer Vorgang wirklich oder möglich, der ihr entspricht.

Das folgt allgemein aus dem Prinzip der Erhaltung der Energie ohne die verworrenen Formeln von v. Helmholtz.

In der Gleichung (α) hatte dieser, wie wir sahen, die Geschwindigkeit q als integrirenden Divisor erhalten, im weiteren Verlaufe seiner Arbeit über die monokyalischen Systeme bemüht er sich dann zu untersuchen, in welchem Falle die lebendige Kraft integrirender Divisor ist. Wir gehen jedoch auf seine Formeln nicht weiter ein, da sie auf der Gleichung (α) beruhen, deren Ableitung als nicht probehaltig erkannt wurde. Wir wollen vielmehr allgemein zeigen, dass, wenn in einer in Wärmeeinheiten gegebenen Gleichung die absolute Temperatur ϑ integrirender Divisor ist, in derselben, in mechanischen Einheiten aufgestellten Gleichung die lebendige Kraft diese Stelle einnimmt.

Ist M die Masse eines vollkommenen Gases, ϑ seine absolute Temperatur, c eine positive Konstante, so ist die in M enthaltene Wärme $W = c M \vartheta$.

Es ist aber W als Wärmemenge einer lebendigen Kraft äquivalent. Bezeichnet $\frac{1}{A}$ das mechanische Wärmeäquivalent und v die mittlere Geschwindigkeit der Gasmoleküle, k eine Konstante, so ist demnach

$$\frac{1}{A} c M \vartheta = \frac{1}{2} k M v^2$$

oder

$$\vartheta = c' v^2,$$

worin c′ eine neue Konstante ist.

In vollkommenen Gasen ist also die absolute Temperatur ϑ proportional der lebendigen Kraft der Masseneinheit oder, mit anderen Worten, proportional der Intensität der lebendigen Kraft.

Da nun aber jede Temperatur irgend eines Körpers durch die absolute Temperatur eines vollkommenen Gases gemessen werden kann, so muss jede unendlich kleine Temperaturänderung irgend eines Körpers durch eine ebensolche Aenderung einer lebendigen Kraft zu messen sein.

Wenn also in einer thermodynamischen, in Wärmeeinheiten aufgestellten Gleichung die absolute Temperatur integrirender Divisor ist, und die Gleichung wird in mechanisches Maass übertragen, so tritt an die Stelle der absoluten Temperatur eine lebendige Kraft.

Wenn zwischen zwei Systemen, welche gleiche Werthe eines ihrer integrirenden Nenner haben, eine mechanische Verbindung so hergestellt wird, dass während derselben die Gleichheit der Nenner erhalten bleibt, so bezeichnet v. Helmholtz eine solche Verbindung als isomore Koppelung.

> »Dann gelten genau dieselben Betrachtungen, welche für die Wärmebewegung aus den Gleichungen [1] folgen, und an die ich in § 1 kurz erinnert habe. Wir erhalten dadurch genau dieselben Gesetze für die Möglichkeit, auf reversible Weise Arbeit der Kräfte P_a auf Kosten der inneren Bewegung der Systeme zu gewinnen.« [1])

Dabei wird vorausgesetzt, dass man auf die innere Bewegung der gegebenen monocyklischen Systeme nur durch ihre isomore Koppelung wirken kann.

---

[1]) III, S. 135.

Als Beispiele derartiger Vorgänge nennt er zwei mit einander verbundene Kreisel von gleicher Umlaufszeit und zwei ringförmige Ströme, die in jedem Querschnitte gleiche Strömung haben und daher ohne Störung zu einem Ring vereinigt werden können.[1])

Dass eine Analogie zwischen thermodynamischen und mechanischen Systemen besteht, folgt allerdings, wie oben dargelegt wurde, aus allgemeinen Gründen; aber die Formeln von v. Helmholtz können hierfür nichts beweisen, da sie auf der fehlerhaft abgeleiteten Gleichung (α) beruhen.

Die unvollständige Verwandlung der Wärme sucht er dann, ähnlich wie schon oben, durch eine Hypothese zu erklären. Die Wärme soll nämlich nur deswegen nicht vollkommen verwandelbar sein, weil wir nicht im Stande sind, die in *einer* bestimmten Richtung wirkenden Moleküle von den übrigen zu isoliren.

> »Dass wir die Wärmebewegung der Atome nicht direkter angreifen und verwandeln können, als es der Fall ist, hängt doch auch nur davon ab, dass wir unsere Einwirkungen nicht auf bestimmte in bestimmter Richtung vorgehende Atome isoliren können, sondern nothwendig immer alle eines bestimmten Raumbezirks gleichmässig treffen müssen«[2]) u. s. w.

Bei diesen Ausführungen vergisst unser Autor aber einen sehr wesentlichen Punkt: die Wärme ist nämlich auch in den elektrochemischen Vorgängen, worin doch, wenn man überhaupt die Atomistik annimmt, die einzelnen Atome auf einander einwirken, nicht vollständig verwandelbar. Wie wir oben sahen, nimmt er ja auch selbst bei seinen elektrochemischen Auslassungen die unvollständige Verwandlung der Wärme an.

Also nicht blos *wir*, sondern die Natur selbst verwandelt die Wärme nicht vollständig, und unser Autor gelangt durch seine Hypothese nur zu einem weiteren Widerspruche mit sich selbst.

Wir wollen nun die allgemeinen Aussagen über die Energie, die v. Helmholtz in seinen thermodynamischen

---

[1]) Ebenda.

[2]) III, S. 135 a. E. u. S. 136. M. vergl. auch oben S. 178.

Aufsätzen und den Studien über die monocyklischen Systeme macht, in Form von Thesen zusammenstellen und sehen, was er zu deren Beweise anzugeben weiss, und inwiefern er dadurch die Energetik gefördert hat. Er äussert Folgendes:

(1) Mechanische Energie ist vollständig, Wärme nur unvollständig verwandelbar.

(2) Mechanische Energie kann unter gewissen Bedingungen unvollständig verwandelbar sein, Wärme würde vollständig verwandelbar sein, wenn wir die Wirkungen der einzelnen Atome von einander sondern könnten, was in organischen Vorgängen vielleicht geschieht.

Der Satz (1) soll durch den Carnot'schen Kreisprozess bewiesen werden; aber wie oben bereits hervorgehoben ist, wird in demselben die mechanische Energie ebenso wie die Wärme nur unvollständig verwandelt, und ferner ist der Carnot'sche Prozess gar nicht streng zu verwirklichen; soll aber die Erhaltung der Energie ein wirkliches Naturgesetz und nicht blos eine hypothetisch aufgestellte Formel sein, so muss das Verhalten der Energie aus *wirklichen* Vorgängen und nicht aus nur theoretisch konstruirten Grenzfällen bestimmt werden.

Ueberdies wurde die Formel für die sogen. freie Energie aus einer allgemeinen Geichung abgeleitet, aus der die Gleichungen des Carnot'schen Prozesses erst durch besondere Bestimmungen erhalten werden; selbst wenn also die Unterscheidung zwischen freier und gebundener Energie für Vorgänge gelten würde, die durch die speziellen Gleichungen darzustellen sind, würde daraus noch nicht folgen, dass sie auch für die Vorgänge gilt, denen die allgemeine Gleichung entspricht.

Der Satz (2) ist eine Einschränkung von Satz (1) und soll, soweit er sich auf die mechanische Energie bezieht, aus den Studien zur Statik der monocyklischen Systeme folgen; aber die Beispiele solcher Systeme, die v. Helmholtz anführt, sind wiederum rein theoretische Grenzfälle, und seine Formeln sind falsch abgeleitet; wenn wir also keine besseren Gründe hätten, die mechanische Energie für nur unvollständig verwandelbar zu halten, so könnten uns die monocyklischen Systeme dazu nicht bestimmen.

Und was lehrt uns unser Autor über die Wärme? Zuerst nimmt er die unvollständige Verwandlung der Wärme als ein Naturgesetz an und baut darauf weitschichtige Abhandlungen, und dann erklärt er, dass im Grunde auch die Wärme vollständig verwandelbar ist und nur uns dieses nicht gelingt, weil es uns so zu sagen an Zangen fehlt, die fein genug sind, die einzelnen Atome zu fassen!

Vermuthlich fühlte er, dass der Gegensatz, in den er Wärme und mechanische Energie in Bezug auf ihre Verwandlungsfähigkeit gestellt hatte, der Einheit der Energie widersprach, die er ja auch annahm. Statt nun aber zu untersuchen, ob die von ihm dogmatisch behauptete vollständige Verwandlung der mechanischen Energie wirklich stattfindet, sucht er den von ihm erst geschaffenen Widerspruch durch eine geradezu wilde Hypothese zu beseitigen, die überdies nicht einmal ihren Zweck erfüllt.

Das ist wiederum das unkritische Verfahren, dem wir schon so oft in seinen Schriften begegnet sind, und er vermag uns daher auch hier keine neue Einsicht in die Prinzipien der Energetik zu geben.

Auf die Studien über die monocyklischen Systeme liess v. Helmholtz eine Abhandlung »Ueber die physikalische Bedeutung des Prinzips der kleinsten Wirkung« folgen[1]), die mit jenen Studien in engem Zusammenhange steht.

Er stellt sich darin die Aufgabe, die Beziehung zwischen dem Prinzip der Energieerhaltung und dem der kleinsten Wirkung zu bestimmen, wobei er letzteres als den »Minimalsatz des negativen kinetischen Potentials« formulirt, und unter dem kinetischen Potential die Funktion H versteht, die er auch schon in den vorhergehenden Studien angewendet hatte.

Es ist nun gewiss von grosser Wichtigkeit, die Beziehungen zwischen dem Prinzip der Energieerhaltung und

[1]) III, S. 203 ff.

den allgemeinen Sätzen der Mechanik festzustellen, aber wir werden von v. Helmholtz hierüber keine prinzipielle Aufklärung erwarten dürfen; denn dazu hätte er zunächst den wahren Zusammenhang zwischen dem Prinzip der Energieerhaltung und dem Satz von der lebendigen Kraft, durch den er es analytisch darstellen will, klar legen müssen. Er glaubt, hierin alles gethan zu haben, indem er die negative Kräftefunktion einführt und die Wärme für eine Bewegung erklärt; aber, selbst wenn wir sie so auffassen und weiter annehmen, dass die Wärmebewegung den Bedingungen des Satzes von der lebendigen Kraft genügt, so folgt daraus, wie hier nochmals hervorgehoben werde, noch keineswegs, dass dieser in seiner modifizirten Form mit dem Prinzip der Energieerhaltung identisch ist. Denn in jeder der bekannten, für die Masse eines Punktes aufgestellten Gleichungen $m\frac{d^2x}{dt^2} = X$, $m\frac{d^2y}{dt^2} = X$, $m\frac{d^2z}{dt^2} = Z$, stellen die Ausdrücke auf der rechten und auf der linken Seite dieselbe Kraftkomponente dar und müssen somit als verschiedene Darstellungen ein und desselben Objektes identisch sein, was rein mathematisch auch daraus folgt, dass die Gleichungen für jede unendlich kleine Aenderung gelten. Also müssen auch die Gleichungen zwischen Arbeit und lebendiger Kraft, die aus den vorstehenden rein analytisch erhalten werden, Identitäten sein, was auch wiederum daraus hervorgeht, dass sie für jede unendlich kleine Aenderung gelten. Der Satz von der lebendigen Kraft enthält somit zwei verschiedene Darstellungen ein und derselben Zustandsänderung. Dagegen enthält das Prinzip der Energieerhaltung eine Gleichung zwischen den Zustandsänderungen verschiedener Massen.

Ferner ist die Umformung von Arbeit und lebendiger Kraft in einander, wie schon oben bemerkt, nicht als eine Energieverwandlung im Sinne des Prinzips der Energieerhaltung aufzufassen, weil ihr die Aequivalenzzahl fehlt. Denn die Beschleunigung kann nicht als eine solche angenommen werden, da sie weder wirklich konstant ist, noch die Dimensionen einer Energie hat[1]).

---

[1]) M. vergl. oben, S. 162.

Also wenn man auch sämmtliche Energieformen als Bewegungen auffasst, ist damit noch keineswegs erklärt, wie es möglich ist, das Prinzip der Energieerhaltung durch den Satz von den lebendigen Kräften darzustellen. Diese Frage berührt v. Helmholtz nirgends[1]), er hat daher auch für seine allgemeinen mechanischen Untersuchungen keinen festen Stützpunkt. Ebenso ermangelt deren Ausführung gar sehr der Klarheit. Zum Belege führen wir die folgenden Stellen an. Er sagt über das Verhältniss des Prinzips der kleinsten Wirkung zu demjenigen der Energieerhaltung auf *einer* Seite[2]):

> 1. »Daraus geht hervor, dass das Prinzip der kleinsten Wirkung, genommen in der Form des § 1, das Prinzip von der Konstanz der Energie immer einschliesst.«
>
> 2. »Andererseits ist das Prinzip der kleinsten Wirkung nicht nothwendig gültig in allen denkbaren Fällen, welche dem Gesetz von der Konstanz der Energie unterworfen sind.«
>
> 3. Es »ist eine grosse Mannigfaltigkeit solcher Fälle denkbar, in denen das Gesetz von der Konstanz der Energie gültig ist, aber nicht das der kleinsten Wirkung.«

Um diese Bestimmungen unseres Autors recht deutlich zu machen, wollen wir uns die Geltungsbereiche der beiden von ihm betrachteten Prinzipien durch Kreise veranschaulichen.

Nach (1) würde der Geltungskreis des Prinzips der kleinsten Wirkung grösser sein, als derjenige des Prinzips der Energieerhaltung, und der letztere würde vollständig in dem ersteren liegen. Das Prinzip der kleinsten Wirkung wäre also dem Prinzip der Energieerhaltung übergeordnet, wie die Gattung der Art.

Das ist ein Ergebniss, das an sich jeden sehr stutzig machen muss: wenn das Prinzip der Energieerhaltung wirklich einmal die Oberherrschaft abgeben muss, wird schwerlich dasjenige der kleinsten Wirkung an seine Stelle

---

1) In einem der folgenden Beiträge wird ihre Erörterung unternommen werden.

2) III. S. 221 a. A. u. a. E.

treten. Und dazu erklärt von Helmholtz selbst wenige Seiten vorher, dass das Prinzip der kleinsten Wirkung eine sichere Allgemeingültigkeit nur als heuristisches Prinzip besitzt[1]).

Also er will das Fundamentalgesetz der Physik aus einem wesentlich nur heuristischen Prinzip ableiten!

Wenigstens aber hätte er versuchen müssen, seine Auffassung folgerichtig durchzuführen. Doch in den Aeusserungen (2) und (3) widerspricht er sofort sich selbst.

Denn nach diesen ist entweder der Geltungskreis des Prinzips der Energieerhaltung grösser als derjenige des Prinzips der kleinsten Wirkung und schliesst ihn ein, oder die beiden Kreise haben ein Gebiet gemeinsam und liegen im Uebrigen ausserhalb von einander, in jedem Falle aber widersprechen die Sätze (2) und (3) unbedingt dem Satze (1).

Diese Verwirrung ist durch das kritiklose Verfahren entstanden, durch das von Helmholtz seine Formeln ableitet. Er legt nämlich seinen Rechnungen die Funktion $H = F - L$ zu Grunde, stellt dann für den Minimalsatz des kinetischen Potentials die Formel auf

$$\Phi = \int_{t_0}^{t} dt \left(H + \sum_{a} \left[P_a p_a \right] \right),$$

worin die Buchstaben auf der rechten Seite dieselbe Bedeutung wie oben haben, und setzt für $\delta\Phi = 0$ während der Dauer der Bewegung die Bedingung fest

$$0 = P_a + \frac{dH}{dp_a} - \frac{d}{dt}\left[\frac{dH}{dq_a}\right]\,^{2)},$$

d. h. die Bewegungsgleichungen von Lagrange. Durch Multiplikation mit q_a erhält er aus diesen

$$\Sigma\left[P_a q_a\right] = -\Sigma\left[\frac{dH}{dp_a}\cdot q_a\right] + \frac{d}{dt}\sum_a\left[q_a \frac{dH}{dq_a}\right] - \sum_a\left[\frac{dH}{dq_a}\cdot\frac{dq_a}{dt}\right].$$

Nun setzt er

$$E = H - \Sigma\left[q_a \frac{dH}{dq_a}\right],$$

[1]) III, S. 210, oben.

[2]) III, S. 213 Gleichung 1c.

und kann somit schreiben

$$\Sigma \left[P_a \, q_a \right] \cdot dt + \frac{dE}{dt} dt = 0.$$

»Hierin ist die voranstehende Summe die Arbeit, welche die Kräfte P_a im Zeittheilchen dt nach aussen hin abgeben, und es ergiebt sich also, dass die Grösse E fortdauernd in dem Maasse abnimmt oder wächst, als jene Kräfte positive oder negative Arbeit leisten. Daraus folgt, dass E den Energievorrath des Systems bezeichnet, ausgedrückt durch seine Koordinaten p_a und Geschwindigkeiten.«[1])

Aus diesen Formeln schliesst er dann, wie oben unter (1) angeführt, dass das Prinzip der kleinsten Wirkung allgemeiner ist, als das der Energieerhaltung.

Aber der Ableitung dieser Formeln liegt die Funktion $H = F - L$ zu Grunde, worin F, wie er auch selbst angiebt[2]), die potentielle Energie bedeutet, und die potentielle Energie ist nicht anders als durch das Prinzip der Energieerhaltung zu definieren. Denn sie ist die Funktion, die in einem abgeschlossenen Systeme zu der lebendigen Kraft addiert eine Konstante, d. h. die Erhaltung der Energie ergiebt. Demnach hat v. Helmholtz bei seinen Formeln thatsächlich die Erhaltung der Energie vorausgesetzt, und wenn er auf dem Umwege über die Bewegungsgleichungen wiederum zu ihr gelangt, so ist das nichts als ein in analytischen Formeln ausgedrückter logischer Zirkel, der ihm nicht zum Bewusstsein kommt, weil er vollständig einem leeren Formalismus verfallen ist. Die potentielle Energie ist für ihn nichts weiter als eine analytische Funktion von einer gewissen Form, und eine solche kann er unabhängig von dem Prinzip der Erhaltung der Energie aufstellen. Wenn er aber die physikalische Bedeutung der Formeln, mit denen er rechnet, beachtete, musste er erkennen, dass die potentielle Energie nicht vor dem Prinzip der Erhaltung der Energie aufgestellt werden kann.

---

[1]) S. 220.

[2]) S. 204 a. E.

Das angebliche »Prinzip von der Konstanz der Energie«, das er hier erhält, ist übrigens aus demselben Grunde wie seine frühere Formel nicht ohne weiteres geeignet, den Energieübergang zwischen zwei verschiedenen Körpern darzustellen, ein Einwand, der wie in anderen Fällen auch gegen sein II. Beispiel[1]) geltend zu machen ist. Diese wesentliche Lücke in seinen analytischen Formulirungen des genannten Prinzips hat er jedoch, wie wiederholt hervorgehoben wurde, nie erkannt.

Also auch in diesem Aufsatze unseres Autors suchen wir vergeblich nach klaren Begriffen.

Hiermit schliessen wir die spezielle Erörterung der energetischen Schriften unseres Autors; ihr allgemeines Ergebnis fasst der nachstehende Aufsatz zusammen.

---

[1]) S. 223 a. E.

Ueber die Methode der energetischen Schriften

von

H. von Helmholtz.

Die Bedeutung eines Forschers wird weit mehr noch als durch die von ihm entdeckten Thatsachen durch seine Methode bestimmt. Sie kann ihm Leben und Wirksamkeit in der Wissenschaft der Zukunft verleihen, während entdeckte Thatsachen allein gleichsam nur ein mehr oder weniger kostbares Denkmal für ihn bilden. Ein Galilei, ein Newton, ein Robert Mayer, so verschieden sie sind, haben denn auch methodische Prinzipien von allgemeinster Bedeutung gegeben. Galilei setzte an die Stelle willkürlicher Scholastik das rationelle Experiment, Newton ermöglichte erst durch seine Fluxionsrechnung die mathematische Naturbetrachtung in höherem Sinne, R. Mayer stellte unter Verwerfung von angeblich hinter den Erscheinungen vorhandenen Kräften den höchst fruchtbaren Satz auf, dass Zustandsänderungen wiederum durch Zustandsänderungen zu erklären sind, wodurch er sofort zu der Entdeckung des Prinzips der Erhaltung der Energie und des mechanischen Wärmeäquivalentes gelangte.

Wie verhält sich nun aber in methodischer Beziehung H. von Helmholtz, den ja seine Verehrer neben Newton und hoch über R. Mayer erheben möchten?

Die Beantwortung dieser Frage ist für die Beurteilung seiner energetischen Leistungen unerlässlich; wir wollen daher diejenigen seiner Schriften, die wir oben hauptsächlich in Bezug auf ihren speziellen Inhalt erörtert haben, unter Zugrundelegung jener Erörterung nun auch noch in Bezug auf ihre Methode analysiren.

Die Abhandlung »Ueber die Erhaltung der Kraft« ist durchaus deduktiv. Ihre Grundlage bildet der Satz von der lebendigen Kraft, den v. Helmholtz umformt, indem er den negativen Wert der Kräftefunktion als potentielle Energie in ihn einführt.

Der so umgeformte Satz, dessen allgemeine Geltung er logisch und induktiv abzuleiten sucht, soll das »Prinzip von der Erhaltung der Kraft« sein. Die Ableitung ist aber so mangelhaft, dass sie überhaupt nicht als solche gelten kann, und die Voraussetzung des genannten Satzes als allgemein gültiges Prinzip rein hypothetisch ist.

Hiergegen wäre nun nichts einzuwenden, wenn Helmholtz die Hypothese als solche geben und sie nicht mit Pseudobeweisen ausstatten wollte, worin er die üblichen Vorstellungen von letzten Ursachen und realen Fernkräften ohne Weiteres als richtig voraussetzt. Diese Befangenheit ist ihm aber auch sonst eigentümlich; er will die Fundamente der Wissenschaft legen und nimmt dabei, ohne jede Prüfung, ganz naiv gewisse herkömmliche Vorstellungen als richtig an.

Ebenso unkritisch und noch weit verhängnissvoller für seine Abhandlung ist es ferner, dass er sich, wie wir sahen, des Unterschiedes, der zwischen seinem modifizirten Satz von der lebendigen Kraft und dem Prinzip der Erhaltung der Energie besteht, niemals bewusst wird: jener ist eine Identität, dieses behauptet die Gleichheit der Energieänderungen verschiedener Massenelemente.

Indem er nicht das Geringste that, um die Kluft zwischen beiden Sätzen zu überbrücken, machte er es sich vollständig unmöglich, von seiner allgemeinen Hypothese aus durch bündige Deduktion zu den Thatsachen zu gelangen; sondern er blieb in dem nebelhaften Gebiet der Hypothesen und Trugschlüsse.

Das zeigt gleich der Abschnitt über »Das Kraftäquivalent der Wärme«.

Um den modifizirten Satz von der lebendigen Kraft auf die Wärmeerscheinungen anzuwenden, muss er seinen allgemeinen Voraussetzungen nach hypothetisch annehmen, dass die Wärme eine Bewegungsform ist, die sich auf Centralkräfte zurückführen lässt. Und wenn wir das zugeben und überdies annehmen, dass er damals bereits das mechanische Wärmeäquivalent kannte, was aber nicht der Fall war, so ist ihm damit doch nicht geholfen: er hätte dann nur mittels seines sogen. Prinzips von der Erhaltung der Kraft eine Wärmequantität als mechanische Energie darstellen können aber, was das Wichtigste war, die mathematische Darstellung der Erhaltung der Energie für ein System, worin die Wärme einer Masse Arbeit in Bezug auf eine andere Masse leistet, gab ihm sein Satz nicht.

In der That kommt auch das, was er über die Wärmeerscheinungen sagt, im Grunde auf den Wunsch hinaus, sie auf Centralkräfte zurückzuführen, es wird aber keine einzige thatsächliche Arbeitsleistung der Wärme gemäss dem Prinzip der Erhaltung der Energie erörtert.

Ebenso wenig kann er mit seinem Satz in dem den Galvanismus behandelnden Abschnitte seiner genannten Abhandlung anfangen. Hier verliert er sogar ganz den leitenden Faden seiner Untersuchung, indem er, wiederum ohne jede Prüfung, die Kontaktkraft einführt, die seinen allgemeinen Voraussetzungen nicht entspricht.

Auch in der Elektrizität und dem Magnetismus wäre nur die Anwendung seines Satzes auf die Arbeit eines Körpers, z. B. eines Stromkreises, in Bezug auf sich selbst berechtigt gewesen, aber diese gerade hat er vernachlässigt. Die Potentialgleichungen dagegen, die er für die Arbeitsleistungen zweier Körper in Bezug aufeinander aufstellt, sind durch denselben nicht begründet und schweben völlig in der Luft, abgesehen von anderen Einwendungen, die gegen sie zu erheben sind.

So gelingt es ihm in keinem der von ihm behandelten Gebiete, neue Thatsachen festzustellen, sondern alles, was er vermag, ist eine Uebersicht über damals bereits bekannte Beziehungen der Naturvorgänge zu einander zu geben und deren mathematische Formulirung zu versuchen. Aber der

Gedanke einer derartigen Uebersicht war, selbst wenn man von R. Mayer absieht, nicht originell: schon fünf Jahre früher hatte Grove ihn geistvoll durchgeführt, und die von Helmholtz gegebene Uebersicht ist überdies ganz unvollständig, indem er die grundlegenden Schriften R. Mayer's nicht berücksichtigt. Und was die mathemalische Formulirung betrifft, so wird das mässige Verdienst, sie zuerst versucht zu haben, noch sehr durch ihre auffälligen Mängel verringert, die um so schärfer zu beurteilen sind, wenn man bedenkt, dass damals — um nur einen Namen zu nennen — bereits F. Neumann's Untersuchung über die induzirten Ströme vorhanden war.

Die Fehler, an denen die Abhandlung »Ueber die Erhaltung der Kraft« in methodischer Beziehung leidet, sind auch nicht durch die Jugendlichkeit ihres Verfassers zu erklären und zu entschuldigen; denn in seinen späteren Arbeiten finden sie sich unverringert wieder, und es gelingt ihm daher auch in keiner einzigen derselben, zu einem wirklichen Resultat zu kommen.

So ist in der Elektrodynamik das neue Gesetz, das er aufstellen will, weder induktiv noch deduktiv abgeleitet und nichts als ein erfolgloser Einfall, und seine Kritik von Weber's Gesetz ist in ihren Prinzipien verworren.

Der Arbeit »Ueber die galvanische Polarisation« u. s. w. liegt die willkürliche Voraussetzung zu Grunde, dass die zum Freiwerden der Ionen verbrauchte Arbeit vollständig vom Strome geliefert werden muss, woraus zu schliessen wäre, dass zu jeder Elektrolyse eine untere Grenze der elektromotorischen Kraft, und im Besonderen zur Wasserzersetzung eine solche von etwa 1,4 D nothwendig ist. Nun können aber thatsächlich Ströme von geringerer elektromotorischer Kraft durch leitend gemachtes Wasser fliessen, und die auf fast unzähligen Beobachtungen beruhende Erfahrung lehrt, dass ausnahmslos jeder Strom, der durch einen flüssigen chemisch zusammengesetzten Leiter fliesst, diesen nach dem Gesetze von Faraday zersetzt. Also lag für v. Helmholtz die Notwendigkeit vor, sich nach Elektrolysen umzusehen, die etwa seine Annahme stützen konnten; alsdann war zu erwägen, ob die erwähnte Wasserzersetzung von besonderen Bedingungen abhängt. Dass das der methodisch richtige Weg gewesen wäre, ist wohl nicht zu bezweifeln. v. Helmholtz aber schlägt ihn nicht ein: er lässt die Untersuchung anderer Elektrolysen ganz beiseite, und ersinnt zur Erklärung der Wasserzersetzung durch 1 D eine Hypothese, die den Stromgesetzen widerspricht, indem er daneben noch eine falsche Analogie zwischen Zersetzungszellen und Kondensatoren behauptet und vollständige Unkenntniss des Verhaltens der Polarisation zeigt.

Also eine Hypothese wird aufgestellt, die, wenn sie überhaupt gelten würde, für sämmtliche Elektrolyte gelten müsste. Diese Hypothese wird für einen einzigen Elektrolyten geprüft, dessen Verhalten ihr aber widerspricht. Und nun wird nicht etwa die Hypothese geändert, sondern es wird, um die erste Hypothese zu stützen, eine zweite Hypothese ersonnen, die womöglich noch willkürlicher ist als die erste. So werden ganz wie in der Abhandlung »Ueber die Erhaltung der Kraft« Hypothesen auf Hypothesen angewendet; zu den Thatsachen gelangen wir überhaupt nicht.

Ein solches Verfahren widerspricht den elementarsten Gesetzen der Methodik und konnte selbstverständlich zu keinem Resultate führen. Die ganze Arbeit hat auch nur Verwirrung gestiftet und giebt über Polarisation und Elektrolyse nicht den geringsten Aufschluss.

Wenn wir aber fragen, wie es möglich war, dass Helmholtz so arbeitete, so finden wir die Erklärung in der völligen Kritiklosigkeit, mit der er die Grundlagen seiner Untersuchungen aufstellte, und in der geradezu vermessenen Missachtung der Thatsachen, die seinem Theoretisiren eigenthümlich ist.

Ohne irgend eine Prüfung, ob nicht auch etwas anderes möglich ist, nimmt er, wie schon in seiner Jugendschrift, an, dass bei der Elektrolyse der Strom die einzige Arbeitskraft ist, und er ist von der Wahrheit seiner Annahme so durchdrungen, dass er, so zu sagen, weder nach rechts noch nach links sieht, und sich lieber in ein Netz von Hypothesen verstrickt, statt sich zu einer Prüfung der Thatsachen zu bequemen, obwohl sie möglich war, und es ihm auch nicht an Gelegenheit dazu fehlte.

Um nichts besser ist die Methode seiner thermodynamischen Arbeiten. Ihr Charakter ist auch durchaus deduktiv, wenn überhaupt bei einer solchen Anhäufung von Hypothesen von Methode gesprochen werden kann: die Versuche in ihnen sollen nur zur Veranschaulichung und Anwendung der bereits fertigen Theorie dienen.

Die Voraussetzung dieser Arbeiten ist die Unterscheiduug zwischen vollständig und unvollständig verwandelbarer Energie, die angeblich aus dem Carnot'schen Satze folgen soll. Aber erstens giebt dieser dafür gar keinen Anhalt, und zweitens würde, selbst wenn das der Fall wäre, hieraus noch nicht folgen, dass diese Unterscheidung auch für die von Helmholtz betrachteten Vorgänge gilt.

Denn, selbst wenn Energieänderungen, die der Gleichung $dQ = dU + p\,dv$ genügen, in einen vollständig und einen unvollständig verwandelbaren Teil zerfallen sollten: muss dasselbe dann auch für solche Energieänderungen gelten, die, wie v. Helmholtz will, von mehr als zwei unabhängigen physikalischen Grössen abhängen? Soll das, was für eine spezielle Gleichung gilt, ohne weiteres auf deren Verallgemeinerung angewendet werden? Das heisst doch in der That die Logik auf den Kopf stellen.

Aber v. Helmholtz nimmt an solchen Gewaltsamkeiten keinen Anstoss: was er für den Carnot'schen Prozess gefunden haben will, soll ohne weiteres auch für die verallgemeinerte Gleichung gelten, die er rein analytisch, ohne physikalische Definition ihrer Veränderlichen aufstellt.

Und weiter: der physikalische Geltungsbereich seiner verallgemeinerten Gleichung bleibt fortdauernd vollständig im Dunkel, wir erhalten sogar darüber widersprechende Angaben, indem Vorgänge mit lebendiger Kraft, einmal in ihn aufgenommen, dann wieder von ihm ausgeschlossen werden[1]; also kann auch die aus derselben Gleichung abgeleitete Funktion $\mathfrak{F}$ nur eine analytische Bedeutung beanspruchen. Das hindert

[1]) M. vergl. oben S. 194.

Helmholtz jedoch nicht, sie als »freie«, d. h. unbeschränkt verwandelbare, »Energie« zu bezeichnen und ihr somit eine physikalische Bedeutung beizulegen. Diese war aber jedenfalls rein hypothetisch; denn die Phrasen von den Gesichtspunkten des Carnot'schen Satzes« u. s. w.[1]) beweisen garnichts. Alles kam also darauf an, sie durch sichere Thatsachen zu bestätigen. Und nun wollen wir uns erinnern, welche Anwendung v. Helmholtz von der »freien Energie« macht.

Erstens wendet er die »freie Energie« auf Concentrationsströme an.

Bei der Specialisirung seiner Formel für dieselben begeht er aber schlimme Fehler[2]), und ferner sind seine Versuche in chemischer und physikalischer Beziehung ganz unzuverlässig[3]). Sie können also nichts beweisen.

Zweitens wendet er die »freie Energie« auf die Verbrennung des Knallgases an. Der Vorgang ist explosiv, wogegen er die Formel unter der ausdrücklichen Voraussetzung thermodynamisch umkehrbarer Vorgänge abgeleitet hatte.

Diese Anwendung ist also jedenfalls von seinem Standpunkte aus eine reine Willkür und kann wiederum nichts beweisen.

Drittens sucht er mittels der »freien Energie« das zur Wasserzersetzung seiner Meinung nach notwendige Minimum der elcktromotorischen Kraft zu bestimmen, indem er seine frühere Auffassung dieses Vorganges abändert.

Aber bei den von ihm angestellten elektrolytischen Versuchen findet Gasenentwicklung statt; sie sind also schon aus diesem Grunde jedenfalls nicht thermodynamisch umkehrbar, während er, wie erwähnt, die Formel der »freien Energie« nur für umkehrbare Vorgänge aufgestellt hatte.

Ferner sind seine gasometrischen »Messungen« in den beiden Voltametern[4]) geradezu schülerhaft und nötigen zu der Frage, weshalb er sich nicht, bevor er derartige Arbeiten

---

1) M. vergl. oben S. 160.
2) M. vergl. oben S. 182 ff.
3) M. vergl. oben S. 185.
4) M. vergl. oben S. 189.

unternahm, ein wenig darüber — etwa aus Bunsen's bekannter Schrift — unterrichtete.

Ausserdem änderte er noch die aus seinen »Messungen« abgeleiteten Daten willkürlich ab, was freilich insofern nichts zu sagen hatte, da das Resultat solcher Versuche in jedem Falle gleichgültig ist.

Also von Helmholtz entwickelt aus einer Gleichung, deren physikalischer Sinn unbekannt ist, eine Formel, die er »freie Energie« nennt, und der er willkürlich eine physikalische Bedeutung beilegt. Diese prüft er wie folgt: er spezialisirt sie falsch, ordnet ihr Vorgänge unter, die bei ihrer Aufstellung ausdrücklich ausgeschlossen wurden, verwendet dabei ganz unzuverlässige Beobachtungen und ändert deren Ergebnisse nach Bedürfnis: das ist seine exakte Methode!

Eine solche Missachtung der Thatsachen wie sie Helmholtz bei seinen theoretischen Speculationen bewies, musste diesen notwendig jede Lebenskraft entziehen, und wir sehen denn auch, dass sie in seinen folgenden Arbeiten immer mehr in ein ganz unfruchtbares Spiel mit Hypothesen und Formeln ausarten, die den Zusammenhang der Thatsachen nicht beleuchten, sondern ihn vielmehr wie ein Nebel verhüllen.

In den Studien über die monocyklischen Systeme will er nachweisen, dass unter Umständen auch die mechanische Energie ebenso wie die Wärme nur beschränkt verwandelbar sein kann.

Ist nun schon, wenn man sich auf seinen Standpunkt stellt, diese Absicht an sich verwunderlich, da er doch vorher einen wesentlichen Unterschied beider Energieformen darin hatte sehen wollen, dass die eine beschränkt, die andere unbeschränkt verwandelbar sein sollte, so ist die Art, wie er seine Aufgabe behandelt, noch seltsamer. Er sucht nämlich, wie wir sahen, die beschränkte Verwandelbarkeit der mechanischen Energie für ganz besondere, nicht ausführbare Vorgänge, wie »gekoppelte« Kreisel und dergl., und auch dann nur unter gewissen Vorsichtsmassregeln nachzuweisen, wobei ihm noch das Missgeschick begegnet, dass er die Hauptgleichung, die er aufstellt, falsch zusammensetzt[1]).

Aber die Energie ist ein Maass realer Zustandsänderungen und die Frage, ob sie beschränkt oder unbeschränkt verwandelbar ist, ist für die Energetik von fundamentaler Bedeutung; ihre Beantwortung muss demnach für reale Zustandsänderungen und allgemein gegeben werden; die kleinliche und willkürliche Kasuistik dagegen, durch die sie Helmholtz zu erledigen sucht, zeigt, dass er den Sinn seiner Aufgabe durchaus nicht erfasst.

Höchst befremdlich ist es ferner, wie wenig er auch in dieser Arbeit versteht, mit sich selbst in Uebereinstimmung zu bleiben.

Die Wärme soll nach seiner Hypothese nur für unsere groben Hülfsmittel, durch die wir die Atome nicht sondern können, beschränkt verwandelbar sein, während wir früher hörten, dass sie auch in chemischen atomistischen Vorwird gängen nur beschränkt verwandelbar ist.[2])

Die Entropie soll das Mass der Unordnung sein und wird auf geordnete Bewegungen angewendet.[3])

Solche Widersprüche müssen von der wissenschaftlichen Vorsicht ihres Autors eine sehr schlechte Meinung erregen, und das Ganze ist ein schlimmes Beispiel für seine Methode oder vielmehr Unmethode, Formeln herauszurechnen und hinterher ihnen eine physikalische Bedeutung unterzulegen.

Derselbe Geist herrscht in der Arbeit »Ueber die physikalische Bedeutung des Prinzips der kleinsten Wirkung«.

Der reale und logische Inhalt und Zusammenhang der energetischen Grössen, mit denen er operirt, ist Helmholtz völlig entschwunden; unter dem Prinzip der Erhaltung der Energie versteht er nichts weiter als eine analytische Formel, die hypothetisch auf die Natur angewendet wird, die aber das Prinzip der Erhaltung der Energie in Wahrheit garnicht darstellt.

---

[1]) M. vergl. oben S. 198.

[2]) M. vergl. oben S. 201.

[3]) M. vergl. oben S. 193.

Nach Helmholtz würden also die Grundlagen physikalischer Erkenntnis willkürlich gewählte Hypothesen sein, die probeweise auf die Thatsachen anzuwenden sind, ähnlich wie man die Mechanik auf willkürliche Definitionen hat gründen wollen, und die logischen Probleme, die die Prinzipien der Naturerkenntnis aufgeben, würden völlig beseitigt. Das ist nun zwar eine sehr bequeme, aber doch allzu seichte Auffassung, die überdies leicht zur Metaphysik führt, indem danach jede, selbst eine metaphysische Hypothese, annehmbar scheint, wenn sich nur mit ihr rechnen lässt, und derartigen Hypothesen schliesslich Realität beigelegt wird.

Vor solch einer Scholastik in mathematischen Formen, die in der That jede wahrhafte Naturerkenntniss aufhebt, kann nur die logische Erörterung der Prinzipien schützen.

Da die vorliegende Abhandlung von Helmholtz sich ebenso wie diejenige »Ueber die Erhaltung der Kraft« direkt auf das Prinzip der Erhaltung der Energie bezieht, wollen wir hier feststellen, welchen Fortschritt in der Behandlung dieses Satzes er in der zwischen beiden liegenden Zeit gemacht hat.

In seiner Jugendschrift vom Jahre 1847 wollte er das »Prinzip von der Erhaltung der Kraft« philosophisch deduziren und es auch auf den Satz von Carnot-Clapeyron gründen.

Aber die sogen. philosophische Deduktion war allzu unreif, als dass man sie ernst nehmen konnte, und die Begründung durch den genannten Satz war ein ὕστερον πρότερον, indem dieser erst durch das Prinzip der Erhaltung der Energie einen bestimmten und richtigen Inhalt erlangen konnte; in seiner Anwendung auf die Wärmeerscheinungen widersprach er diesem Prinzip auch thatsächlich.

Später änderte er seine sogen. philosophischen Ansichten; doch waren seine neuen Ansichten um nichts besser als seine alten.

Alsdann unterliess er die Versuche die Erhaltung der Energie logisch zu begründen, ganz, und in seinem berüchtigten Aufsatze über »Robert Mayer's Priorität« vom Jahre 1883[1]) stellte er die Behauptung auf, dass die Erkenntniss derselben sich rein induktiv entwickelt habe.

[1]) In. H. von Helmholtz, Vorträge u. Reden, 1. Braunschweig, Vieweg 1884. S. 63, 64.

Nach ihm hätte schon die Pariser Akademie, als sie im Jahre 1775 beschloss, angebliche Entdeckungen des Perpetuum mobile nicht mehr anzunehmen, nicht nur an das mechanische, sondern auch bereits an das physische Perpetuum mobile gedacht.

Wenn aber auch wirklich die Vorstellung von der Erhaltung der Energie sich historisch induktiv entwickelt hätte, so würde daraus noch nicht folgen, dass dieselbe rein induktiv zu begründen ist; denn historische Entwickelung und logischer Beweis sind zweierlei.

Und ferner ist die Auslegung, die von Helmholtz dem Beschlusse der Pariser Akademie giebt, ganz unhistorisch. Zu einer Zeit, da Coulomb noch nicht das Gesetz der magnetischen und elektrischen Anziehung festgestellt hatte[1]), und an eine Theorie der Dampfmaschine noch nicht zu denken war, konnte die Pariser Akademie uber das Problem des physischen Perpetuum mobile keine Meinung äussern, einfach, weil sie dieses Problem uberhaupt noch garnicht aufstellen konnte.

Aus der Begründung des Beschlusses der Pariser Akademie geht auch zweifellos hervor, dass sie nur an das mechanische Perpetuum mobile dachte; denn sonst hätte sie sicher Wärme, Elektrizität u. s. w. ausdrücklich erwahnt, was nicht der Fall ist.[2]) Oder sollte sie etwa glauben, dass das grosse Publikum, fur das ihr Beschluss bestimmt war,

[1]) Coulomb, Mémoires de l'Acad. des sciences 1785.

[2]) Die Begründung lautet:

»La construction d'un mouvement perpétuel est absolument impossible, quand même le frottement la résistance du milieu ne détruiraient point à la longue l'effet de la force motrice. Cette force ne peut produire q'un effet égal à sa cause. Si donc on veut que l'effet d'une force finie dure toujours, il faut que cet effet soit infiniment petit dans un tems fini. En faisant abstraction du frottement et de la résistance, un corps à qui on a une fois imprimé un mouvement le conserveroit toujours, mais c'est en n'agissant point sur d'autres corps et le seul mouvement perpétuel possible, dans cette hypothèse (qui d'ailleurs ne peut avoir lieu dans la Nature) seroit absolument inutile à l'objet, que se proposent les constructeurs des mouvements perpétuels. Ce genre de rechercher a l'inconvénient d'être coûteux, il a ruiné plus d'une famille, et souvent des Mécaniciens qui eussent pu rendre de grands services, y ont consumé leur fortune, leur temps et leur génie.« (Hist. de l'Acad. roy. d. scienc. An. 1775, S. 65).

im Jahre 1775 Wärme, Elektrizität u. s. w. als Kräfte auffasste?!

Auch der viel spätere Satz von Carnot und Clapeyron[1]) war nur eine sehr dunkele Vorahnung des Prinzips der Energieerhaltung, da ihnen dessen wesentlichster Bestandtheil, die Aequivalenz oder Verwandlung der Energieformen fehlte.

Die That R. Mayer's bestand also nicht, wie es Helmholtz möchte, darin, dass er zu einer unvollständigen Induktion einen weiteren Beitrag lieferte, sondern darin, dass er an Stelle ganz unklarer Vorahnungen eine klare Einsicht setzte.

v. Helmholtz zeigt aber in seiner unhistorischen Auslassung über den Beschluss der Pariser Akademie wiederum, wie unglaublich verworren er alles auffasst, was mit dem Prinzip der Erhaltung der Energie zusammenhängt.

Also der Fortschritt, den von Helmholtz in der Erkenntnis, wie die Erhaltung der Energie zu begründen ist, in etwa sechsunddreissig Jahren machte, besteht darin, dass er seine sogen. philosophischen Ansichten fallen liess, aber seine ebenso unhaltbare Ansicht von der rein induktiven Natur des genannten Prinzips festhielt.

Und dabei versucht er auch diese Ansicht nirgends wissenschaftlich zu begründen, sondern alles, was wir darüber zu hören bekommen, sind unhistorische Phrasen.

Aber wie sollte es auch anders möglich sein? Ist ihm doch der wesentliche Unterschied zwischen seinem modifizirten Satz von der lebendigen Kraft und dem Prinzip der Erhaltung der Energie niemals klar geworden!

Wenn er schliesslich in seiner vorliegenden Abhandlung das letztere auf eine willkürliche analytische Formel reduzirt, so war das die notwendige Folge seiner Auffassung; denn sein sogen. Prinzip ist nichts weiter als eine Identität, mit der ausserhalb der Analysis wenig oder nichts anzufangen ist; aber eine tiefe Einsicht in das Grundgesetz der neueren Physik verrät er dabei gewiss nicht.

Somit müssen wir sagen:

---

[1]) Carnot, 1824, Capeyron, 1834.

Helmholtz hat das Prinzip der Erhaltung der Energie niemals klar erfasst, und hat es niemals richtig analytisch dargestellt.

Ebenso müssen wir auf Grund der vorstehenden Analyse sagen, dass seine energetischen Schriften auch in Bezug auf ihre Methode den mässigsten Ansprüchen nicht genügen. Nirgends findet sich darin auch nur eine Spur originaler methodischer Prinzipien, wie sie die am Anfange dieses Aufsatzes erwähnten grossen Forscher aufgestellt haben. Er bewegt sich vielmehr stets auf den herkömmlichen Bahnen, und er bewegt sich auf ihnen mit sehr unsicherem, unstätem Schritt. Logische Energie fehlt ihm gänzlich, nicht einmal mit sich selbst bleibt er in Uebereinstimmung. Daher ist ihm auch nirgends in der Energetik eine geistige That gelungen.

Will man etwas an seinen energetischen Untersuchungen loben, so muss man danach fragen, was er gewollt, nicht was er erreicht hat. Alsdann kann man dem in seiner Jugendschrift unternommenen Versuche, die Naturkräfte einheitlich mathematisch darzustellen, eine sehr beschränkte Originalität zuerkennen; freilich reichten seine Kraft und sein Wissen keineswegs aus, das Unternehmen einigermassen befriedigend durchzuführen. Aber seine späteren energetischen Schriften sind in Bezug auf ihre Methode ebenso unzulänglich wie seine Jugendarbeit, und sie ermangeln überdies ganz der Originalität der Conception.

Wenn man all die verworrenen Hypothesen und Formeln durchdenkt, die er darin angehäuft hat, möchte man zweifelnd fragen, ob er denn selbst wirklich geglaubt hat, dass die Natur nach solchen Rezepten wirkt? Doch dieser Zweifel wird gehoben, wenn man erwägt, dass ihm der Natursinn, jene Fähigkeit des Genius, die Gedanken der Natur nachzudenken, völlig mangelte. Er zeigt sich in der Energetik als ein sehr mässiges, nur formales Talent, dem jedoch auch im rein formalen Gebiete die Klarheit fehlt. Ueberdies verdirbt er noch das, was er etwa leisten konnte, selbst, indem er die Schranken seiner Kraft nicht erkennt.

Er spielt den Logiker, den Philosophen; aber war schon sein Rechnen unklar, so war sein Operiren mit

Begriffen noch unvergleichlich verworrener. Da muss man schon zufrieden sein, wenn er es bei einer quaternio terminorum bewenden lässt und sich nicht in die höheren Potenzen der Begriffsverwirrung versteigt.

Er tritt als Gesetzgeber der Physik auf: er will ein neues elektrodynamisches Gesetz aufstellen, er will den Carnot'schen Satz erweitern, er will die Thermodynamik der chemischen Vorgänge begründen; aber es bleibt bei dem Reden über diese Probleme; etwas Neues kommt dabei nicht heraus. Denn er ist eben kein Genius, und die Natur ist mit ihm nicht »im Bunde«. Sie lässt sich von ihm nicht entschleiern; sondern was er uns als Natur vorführt, sind in Wahrheit Phantome, die er in verfinsterten Räumen erscheinen lässt. Macht sich der Widerspruch der Thatsachen gegen seine Gebilde allzu grell geltend, so schafft er schnell durch eine neue Hypothese wiederum das nöthige Dunkel, so dass nichts mehr deutlich zu erkennen ist.

In der That dürfte kaum ein Physiker zu nennen sein, der sich eine so rücksichtslose Missachtung der Thatsachen verstattet hat, wie sie von Helmholtz, mit zunehmendem Alter immer mehr, in seinem Theoretisiren bewies. Um Aehnliches zu finden, muss man zu den Metaphysikern gehen. Da zeigt Hegel ein analoges Verhalten; nur dass der Metaphysiker denn doch viel tiefsinniger ist und ein viel grösseres logisches Vermögen besitzt als der Physiker. Aber beiden gemeinsam sind die willkürlichen Konstruktionen, die sie an die Stelle der realen Welt setzen wollen, mit einem Wort, der Scholastizismus: an die Stelle des logischen Scholastizismus Hegel's tritt bei Helmholtz der mathematische Scholastizismus. Die Dogmen werden von jenem in Worten, von diesem in Formeln ausgedrückt; das ist der ganze Unterschied.

Auch ist es kein Vorzug des Physikers vor dem Metaphysiker, dass ersterer sich bei seinem scholastischen Verfahren als ein Hüter und Beschirmer der reinen induktiven Methode gebärdet; denn der offene Feind ist sicher der weniger gefährliche. Hat es doch der Scholastizismus von Helmholtz nur seiner Verkleidung in induktive und mathematische Formen zu verdanken, dass sein wahres Wesen noch nicht allgemein erkannt ist.

Die Analogie zwischen dem Metaphysiker und dem Physiker erstreckt sich auch auf die Schulen beider. Die Schule Hegel's hat S. Ohm abgelehnt, diejenige von Helmholtz, R. Mayer.

Der scheinbare Grund der Ablehnung war freilich in beiden Fällen ganz verschieden. Ohm war den Metaphysikern zu empiririsch; Mayer den Physikern zu metaphysisch. Aber das eine ist ebenso unwahr wie das andere; der wahre Grund war vielmehr in beiden Fällen derselbe, und auch derselbe, wie der Grund, aus dem die Schule sogar einen Galilei abgelehnt hat: es ist die nothwendige Feindschaft des Scholastizismus gegen die echte Forschung, die nicht willkürliche Hypothesen ergrübelt, sondern die Naturgesetze zu erkennen sucht.

Mag jedoch der Scholastizismus Gestalten annehmen, welche er will, mag er die Mathematik missbrauchen, um seiner Willkür den Schein des Gesetzes zu erborgen: die Geschichte der fortschreitenden Naturerkenntniss ist die Geschichte seiner Niederlagen. Wie das kunstreiche System Hegel's zusammenbrach trotz aller äusseren Machtmittel, so werden daher auch die schwächlichen naturlosen Dogmen von Helmholtz spurlos aus der Energetik verschwinden, und das wird ein grosser Gewinn für die Physik sein.

Anhang I.

Ueber sehr langsame Energieänderungen.

Wenn eine Masse ihre Energie so ändern soll, dass in jedem Moment in ihr Gleichgewicht vorhanden ist, so muss die Aenderung, streng genommen, unendlich langsam erfolgen; sie muss also in einer endlichen Zeit ein unendlich Kleines erster Ordnung und in einer unendlich kleinen Zeit ein unendlich Kleines zweiter Ordnung sein. Dieser Grenze kann ein Vorgang beliebig nahe kommen, wenn in jedem Moment die Aenderung beliebig klein gegen sich die ändernde Energie gemacht werden kann. Dieses vorausgesetzt, ändere sich die Energie U einer endlichen Masse M in einem Zeitelement d t um d U, so sind zwei Fälle zu unterscheiden.

1. In einem Moment d t ändert ein messbarer Theil M' von M seine Energie U' um d U' in der Weise, dass d U' sich auf sämmtliche Elemente von M' vertheilt.

Da die Anzahl der Elemente von M' ein unendlich Grosses erster Ordnung und die Energie eines jeden von ihnen ein unendlich Kleines erster Ordnung ist, wird dann die Energieänderung jedes Elementes ein unendlich Kleines zweiter Ordnung und unendlich klein gegen die Energie des Elementes sein.

Alsdann sind die Elemente von M' unter sich und mit den übrigen Elementen von M im Gleichgewicht.

Dieser Vorgang findet z. B. annähernd statt, wenn eine Gasmasse sehr langsam und gleichmässig erwärmt wird. Die unmittelbar auf einander folgenden Zustände des Gases sind dann sehr wenig von einander verschieden, und jeder ist annähernd ein Gleichgewichtszustand.

2. In einem Moment d t ändert nur ein verschwindend kleiner Theil d M von M seine Energie d U um einen Betrag n d U, worin n eine endliche Zahl bedeutet.

Da d U und n d U von derselben Grössenordnung sind, wird sich dann die Energie des Elementes d M in der Zeit d t um einen Betrag, der mit ihr vergleichbar ist und nicht beliebig klein gegen sie gemacht werden kann, ändern; also ist d M nicht annähernd im Gleichgewicht. Dagegen ist n d U gegen die gesammte Energie U von M verschwindend klein; der Zustand der gesammten Masse M wird also scheinbar einem Gleichgewicht beliebig nahe kommen, aber in Bezug auf ein Element d M ist in jedem Momente der Aenderung das innere Gleichgewicht in M aufgehoben.

Dieser Vorgang findet bei der Elektrolyse statt. Denn die in jedem Momente zersetzte Quantität des Elektrolyten kann zwar durch Verringerung der Stromstärke beliebig klein gemacht werden, aber wenn sie auch auf ein Molekül beschränkt wird, so bleibt doch stets die Energie eines unzersetzten Moleküls des Elektrolyten von derselben Grössenordnung wie die Energie, die es bei seiner Zersetzung aufnimmt. Diesem Verhalten entsprechend müssen auch die Verbindung der Ionen und die Zustände, worin sie zuerst als getrennte Körper von bestimmten chemischen Eigenschaften auftreten, als chemische Gleichgewichtszustände aufgefasst werden, zwischen denen eine stetige Reihe von Zuständen liegt, worin auch nicht annähernd Gleichgewicht vorhanden ist.

Denn die genannten chemischen Gleichgewichtszustände können nicht unmittelbar auf einander folgen: da, wie erwähnt, der Unterschied zwischen der Energie, welche die Masse eines Ions besitzt, wenn es chemisch verbunden, und wenn es aus seiner Verbindung abgeschieden ist, von derselben Grössenordnung ist, wie diese Energie selbst. Würden also beide Zustände unmittelbar auf einander folgen, so wäre die Energieänderung in strengem Sinne unstetig, was unmöglich ist.

Ferner können die Zwischenzustände auch nicht annähernd als Gleichgewicht gelten, da sie auch in den engsten Grenzen nicht beständig sind.

Die Energieänderung eines Ionentheilchens erfolgt also in diesen Zwischenzuständen mit lebendiger Kraft, und es finden somit dann Wechselwirkungen zwischen ihm und seiner Umgebung statt. Der Strom hat folglich nicht die gesammte, von den Ionen aufgenommene Energie zu liefern, sondern nur die Arbeit, die etwa gegen sogen. Anziehungskräfte zwischen den entgegengesetzten Ionen zu leisten ist.

Letztere darf aber nicht etwa gleich der chemischen Energie der Ionen gesetzt werden, so dass die molekulare Wechselwirkung sich auf die zu Aenderungen des Aggregatzustandes aufgenommene Energie beschränken würde. Denn die Arbeit zwischen den verschiedenartigen Ionen, z. B. zwischen H_2 und O, besteht in der Aenderung des Potentials, das sie in Bezug auf einander besitzen; sie kann demnach die Ionen nur trennen, nicht aber ihre chemische Energie, d. h. die Wirkung, die sie auf andere Körper ausüben, ändern, da diese aktuelle Energie ist. Also müssen die Ionen ihre chemische Energie durch die obenerwähnte Wechselwirkung zwischen den sich zersetzenden Theilen des Elektrolyten und ihrer unzersetzt bleibenden Umgebung aufnehmen, und es ist vom Strome nur die zur Trennung der Ionen zu leistende Arbeit zu liefern.

Nun lässt sich ferner zeigen, dass letztere verschwindend klein sein muss.

Es sei in einem Stromkreise, der eine Zersetzungszelle enthält, e die elektromotorische Kraft der Stromquelle, p die Polarisation, i die Stromstärke, und folglich (e—p) i die Stromarbeit in der Zeiteinheit. Jede vom Strome bei der Zersetzung geleistete Arbeit muss dann in der Grösse p i enthalten sein. Diese hat aber die Form einer Stromenergie; es muss also der Werth von p auf den einzelnen Punkten der Leitung dem Ohm'schen Gesetze entsprechen. Wäre also p eine Arbeit gegen eine Anziehungskraft zwischen den verschiedenen Ionen, so müsste diese erstens ein Potential haben, was übrigens auch aus allgemeinen Gründen folgt[1]), und zweitens müsste dieses Potential, und folglich auch die Anziehungskraft in be-

[1]) M. vergl. oben S. 139/40.

liebigen endlichen Entfernungen von Null verschieden sein, da ja die Leitung beliebig lang zu machen ist. Das widerspricht aber vollständig der Erfahrung.

Ferner müsste auch p, wenn es ein Potential anziehender Kräfte zwischen den verschiededen Ionen wäre, sogleich bei Stromschluss einen bestimmten Werth haben, während es erfahrungsmässig von Null an allmählich wächst.

Hiernach befindet sich jeder Elektrolyt dem Strome gegenüber im labilen Gleichgewicht, und die von den Ionen aufgenommene Energie ist fast vollständig das Aequivalent einer Arbeit zwischen dem einzelnen Ion und seiner Umgebung, wobei letztere bei Ausschluss anderer Energieformen sich abkühlen wird, wenn die Stromenergie nicht ausreicht, den Energieverbrauch zu ersetzen. In solchen Fällen, wie z. B. bei der Wasserzersetzung durch 1 D, sinkt aber der Strom erfahrungsmässig auf ein Minimum.

Nach der vorstehenden Auffassung der Elektrolyse, die unabhängig von jeder molekularen Hypothese ist, ist also für eine Elektrolyse nicht eine untere Grenze der elektromotorischen Kraft nothwendig.

Dieselbe Verbindung, die dem Strome gegenüber sich labil verhält, kann aber anderen Kräften gegenüber stabil sein, wenn diese die Energie des ganzen Moleküls ändern, aber nicht gegen die Kräfte, welche dessen Bestandtheile verbinden, Arbeit leisten. Wenn z. B. ein sehr schwacher Strom eine Wassermenge zerlegen kann, zu deren Dissociation durch Wärme ein grosser Betrag der letzteren nothwendig ist, so erklärt sich dieses dadurch, dass der Strom die Kräfte angreift, die zwischen H_2 und O bestehen, während die Wärme bis zur Grenze der Dissociation nicht gegen diese Kräfte, sondern in Bezug auf das Gesammtmolekül Arbeit leistet. Selbstverständlich wird aber die von der zerlegten Verbindung aufgenommene Energie bei der Elektrolyse wie bei der Zersetzung durch Wärme gleich gross sein, wenn beide Vorgänge durch dieselben Anfangs- und Endzustände begrenzt werden und äussere Arbeit nicht geleistet wird.[1])

---

[1]) M. vergl. Th. Gross, Beiträge zur Theorie des galvanischen Stromes, Sitz.-Ber. der Akad. der Wiss. zu Wien, Juni 1889.

Was hier über die elektrochemischen Vorgänge festgestellt wurde, gilt offenbar auch für die chemischen Vorgänge überhaupt. Die chemische Energie ist auch bei ihnen nicht potentielle, sondern aktuelle Energie, und auch bei ihnen ist die von einem Molekül aufgenommene oder abgegebene Energie, wenn es aus einem chemischen Gleichgewichtszustand in einen zweiten übergeht, stets von derselben Grössenordnung wie die Energie des Moleküls, und es lassen sich zwischen beiden Gleichgewichtszuständen keine mittleren annähernden Gleichgewichtszustände begrenzen. Der Uebergang ist folglich stürmisch, und es findet bei ihm eine Wechselwirkung zwischen den nicht chemisch ändernden Massen und ihrer Umgebung statt.[1])

Schon hieraus folgt, das elektrochemische und überhaupt chemische Vorgänge nicht thermodynamisch umkehrbar sind.

Eine weitere Ausführung dieser Auffassung bleibt vorbehalten.

Anhang II.

Ueber die sogen. sekundäre Wärme in den galvanischen Elementen.[2])

Wir nehmen an, dass für jedes Element eine gewisse Temperatur-Grenze vorhanden ist, bei der seine elektromotorische Kraft nicht merklich von seiner chemischen Wärme verschieden ist. Das ist allerdings eine Hypothese, aber es spricht dafür erstens das Verhalten des Daniell; denn bei diesem sind beide Energiewerte in weiten Grenzen annähernd gleich, und es dürften daher auch bei den anderen konstanten Elementen solche Grenzen bestehen; da kein Grund für ein ganz ausnahmsweises Verhalten des D anzugeben ist. Ferner ist auf die Annahme auch aus dem

[1]) M. vergl. Th. Gross, Ueber die Prinzipien der Thermodynamik chemischer Vorgänge: Exner, Repertorium 1891, 8. S. 451 ff.

[2]) M. vergl. oben S. 172.

Umstande zu schliessen, dass die Elemente, deren elektromotorische Kraft sich mit der Temperatur ändert, theils solche sind, bei denen die elektromotorische Kraft geringer ist als die chemische Wärme und mit steigender Temperatur abnimmt, während die sogenannte sekundäre Wärme zunimmt, theils solche, für die die umgekehrte Beziehung gilt; man wird also schliesslich durch Erniedrigung der Temperatur zu einem Punkte gelangen, wo elektromotorische Kraft und chemische Wärme sich nicht merklich unterscheiden. Ist in ihm W die chemische Wärme, E die elektromotorische Kraft, so ist dann annähernd

$$\frac{1}{A} W = E.$$

Die chemische Wärme ist nun bekanntlich innerhalb sehr weiter Grenzen von der Temperatur sehr unabhängig. So ist z. B. (H_2, O) bei gewöhnlicher Temperatur gleich 68360 Cal. und, nach der Formel von Berthelot berechnet, bei 100° C. gleich 67755 Cal, bei — 80° C. gleich 69466 Cal. Man kann also in weiten Grenzen mit grosser Annäherung W = Const. setzen. Steigt nun die Temperatur von dem Punkte aus, wo elektromotorische Kraft und chemische Wärme der Annahme nach annähernd gleich sind, um dϑ, und es nimmt erstere um dp zu, während die Einheit der Elektrizität durch das Element fliesst, so wird

$$E + dp = \frac{1}{A}(W + dq),$$

wenn dq das Wärmeäquivalent von dp bezeichnet. Da aber, wie angegeben, W als konstant zu betrachten ist, so muss dq dem Elemente entzogen werden, wodurch dieses sich abkühlt. Nimmt ungekehrt E mit steigender Temperatur ab, so ist

$$E - dp = \frac{1}{A}(W - dq),$$

und dq muss, da W im wesentlichen konstant bleibt, bei Ausschluss anderer Arbeit als Wärme erhalten werden.

Es ist also zunächst

$$dp = \frac{dp}{d\vartheta} d\vartheta = \frac{1}{A} dq,$$

indem p als eine Funktion der Temperatur aufzufassen ist.

Wird nun $\frac{dp}{d\vartheta} = \text{Const.}$, d. h. die Aenderung der elektromotorischen Kraft proportional der Temperaturänderung gesetzt, oder fasst man, wenn diese Annahme nicht gelten soll, $\frac{dp}{d\vartheta}$ als einen Mittelwert auf, so ist

$$\int \frac{dp}{d\vartheta}\, d\vartheta = \frac{dp}{d\vartheta}\int d\vartheta = \frac{dp}{d\vartheta}\,\vartheta = \frac{1}{A}\int dq = \frac{1}{A}\,q.$$

Fliesst durch das Element die Elektrizitätsmenge $d\varepsilon$, und wird dQ für $q\,d\varepsilon$ gesetzt, so erhält man hiernach als annähernde Gleichung der sekundären Wärme

$$\frac{dp}{d\vartheta}\,\vartheta\, d\varepsilon = \frac{1}{A}\, q\, d\varepsilon = \frac{1}{A}\, dQ,$$

oder, da nach Gleichung (2)[1]

$$\frac{1}{A}\, dQ = \left(\frac{dU}{d\varepsilon} - p\right) d\varepsilon \text{ ist, } \frac{dU}{d\varepsilon} - p = \frac{dp}{d\vartheta}\, d\mathfrak{D}.$$

Die vorstehend gegebene Ableitung der Formel für die sekundäre Wärme gilt sowohl für starke wie für schwache Ströme, und die thermodynamische Umkehrbarkeit der elektrochemischen Vorgänge kommt für sie nicht in Betracht. Sie entspricht daher den Bedingungen der oben[2]) erwähnten Versuche.

---

[1]) Oben S. 172.

[2]) Oben S. 173.

Zusatz zu Seite 182.

Der Einwand gegen die Formel PV d w schien dem Verfasser bei nochmaligem Durchlesen zu kurz gefasst und soll daher hier ausführlicher dargelegt und ergänzt werden.

Der Uebersichtlichkeit wegen sei zuvor kurz an den Vorgang erinnert, für den Helmholtz die genannte Formel aufstellte.

Er setzte die molekulare Arbeit, die in Konzentrationsströmen bei konstant erhaltener Temperatur durch Konzentrationsänderungen der Flüssigkeiten der Elemente geleistet wird, gleich der äusseren Arbeit eines Verdampfungsprozesses, in dem 1. gesättigter Dampf aus reinem Wasser verdampft, 2. der Dampf sich ausser Berührung mit Wasser ausdehnt, bis er das spezifische Volumen des über der Salzlösung stehenden gesättigten Dampfes hat, 3. der Dampf in Berührung mit der Salzlösung unter konstantem Drucke komprimirt wird.

Für die äussere Arbeit in dem ersten Theile dieses Verdampfungsprozesses bestimmt er den Ausdruck

$$dw \int_0^V p\, d v = P V d w,$$

worin P und V bezw. den Druck und das spezifische Volumen des gesättigten Dampfes aus reinem Wasser und d w ein Wassertheilchen bezeichnen.

Bei der Verdampfung des Wassers mit konstantem Druck und konstanter Temperatur, wie sie hier vorausgesetzt wird, können wir nun die folgenden zwei allgemeinen Fälle unterscheiden.

1. Das Wasser verdampfe sehr langsam unter dem Druck einer freien Atmosphäre.

Liegt die Temperatur des Wassers unter der für den gegebenen Druck geltenden Siedetemperatur, so ist die Spannkraft seiner gesättigten Dämpfe geringer als dieser, und folglich können sie ihn nicht überwinden; denn das kleine Gewicht kann nicht das grössere heben. Da aber erfahrungsmässig auch dann Verdampfung stattfindet, so müssen die Dampfmoleküle durch Diffusion in die Atmosphäre gelangen, wobei die Dampfmenge d w nicht die vorstehend angegebene Arbeit zu leisten hat.

Ist die Verdampfungstemperatur gleich dem Siedepunkte, so wird, wenn die Verdampfung beginnt, noch eine je nach der Wärmezufuhr längere oder kürzere Zeit verstreichen, bis die Dämpfe über dem Wasser gesättigt sind, während welcher der Dampfdruck nicht konstant ist und Diffusion stattfindet. Eine alsdann verdampfende Wassermenge d w wird somit ebenfalls nicht die Arbeit P V d w leisten.

Hat sich über dem Wasser eine Schicht gesättigten Dampfes hergestellt, so wird bei weiterer Verdampfung immer wieder durch Diffusion Dampf in die benachbarten, noch nicht mit Dampf gesättigten Schichten der Atmosphäre dringen, und folglich kann auch dann die genannte Formel nicht gelten. Und selbst wenn man den Thatsachen entgegen annehmen wollte, dass von einem gewissen Zeitpunkte an der sich entwickelnde Dampf die auf ihm lastende Luft ohne Diffusion hebt, so würde derselbe sich doch mit dem über dem Wasser befindlichen Dampfe mischen, der zuvor durch Diffusion in die Atmosphäre gelangt ist; denn zu Anfang jeder Verdampfung muss jedenfalls Diffusion stattfinden. Diese Mischung ist es dann, die über der Salzlösung komprimirt werden würde, sodass für den von Helmholtz angenommenen Prozess die genannte Formel gleichwohl nicht gelten würde.

Auch wenn man überhaupt von der Diffusion ganz absieht, ist diese Formel keineswegs für eine stetig aufeinander folgende Reihe von Elementen d w anzuwenden.

Denn denken wir uns eine unter dem konstanten Drucke P verdampfte Wassermenge $d\,w_1$, wie es Helmholtz will, vom Wasser abgesperrt, um sie durch den zweiten Theil dieses Prozesses zu führen, so wird das nächstfolgende verdampfende Element dw_2 entweder in den leeren Raum strömen, in dem sich dw_1 befand, und wird dann gar keine Arbeit leisten, oder der Dampf, in den dw_2 strömt, wird wenigtsens nicht gesättigt sein, da ihm die Dampfmenge dw_1 entzogen ist, mit der er vorher gesättigt war; folglich wird auch dann das verdampfende dw_2 nicht die Arbeit $PVdw_2$ leisten. Diese könnte vielmehr erst erhalten werden, nachdem der Dampf wiederum gesättigt worden ist.

Wie man sieht, könnte also, wenn Wasser in der freien Atmosphäre verdampft, die Formel $PVdw$ nur unter der willkürlichen Annahme, dass Diffusion ausgeschlossen ist, und auch dann nur unstetig angewendet werden.

II. Das Wasser verdampfe in einem Gefässe, das von der äusseren Luft durch ein konstantes, in senkrechter Richtung verschiebbares Gewicht abgeschlossen ist.

Zwischen Wasser und Gewicht befinde sich zunächst eine indifferente Gasschicht.

Bezeichnen alsdann in irgend einem Momente P, p, Q bezw. den Druck des gesättigten Dampfes, des Gases und das abschliessende Gewicht, und werden der Einfachheit wegen Reibung und Luftdruck ausgeschlossen, so muss, da die Verdampfung »reversibel« erfolgen soll, in jedem Momente

$$P + p = Q$$

sein. Eine Hebung des Gewichtes kann alsdann bei konstanter Temperatur nicht erfolgen; denn dabei würde P konstant bleiben, dagegen p kleiner, und folglich auch $P + p < Q$ werden.

Hier kann also die Formel $PVdw$ überhaupt nicht zur Anwendung kommen.

Lastet das Gewicht Q unmittelbar auf dem Wasser, so würde sie offenbar für ein verdampfendes dw gelten, wenn Q gleich der Spannung des gesättigten Dampfes bei der gegebenen Temperatur ist.

Ist aber ein Element dw_1 mit dem Sättigungsdruck verdampft, indem es das Gewicht $Q = P$ gehoben, und somit die Arbeit $PVdw$ geleistet hat, und wird es dann von dem Wasser abgesperrt, so müsste das Gewicht Q erst durch einen nicht zu dem Verdampfungsprozesse gehörenden Vorgang in seine ursprüngliche Lage zurückgebracht werden, damit das nächst folgende d w_2 die Arbeit P V d w_2 leistet. Denn wird das Gewicht in der Lage erhalten, in die es durch d w_1 gehoben ist, so strömt d w_2 nach Entfernung von dw_1 in einen mit Dampf nicht gesättigten Raum und kann somit Q nicht heben.

Die betrachtete Formel kann also auch im vorliegenden Falle wiederum wie oben nur unstetig angewendet werden.

Wir können die vorstehenden Erörterungen kurz zusammenfassen.

Helmholtz nimmt einen Verdampfungsprozess von der Art an, dass die einzelnen d w, die aus einer Wassermenge w sehr langsam und bei konstanter Temperatur nacheinander verdampfen, stets von dem Wasser abgesperrt werden, während doch der Dampfdruck stets gesättigt bleiben und die Arbeit des gesättigten Dampfes leisten soll. Das ist aber prinzipell nicht ausführbar, da nach Entfernung eines Elementes d w der Dampf ungesättigt wird und das nächstfolgende in ihn einströmende d w nicht den Dampf sättigen und zugleich mit unverringerter Spannung Arbeit leisten kann.

Helmholtz hätte also seinen Verdampfungsprozess nur in der Weise annehmen können, dass eine endliche Wassermenge w erst als Ganzes verdampft und dann die weiteren Zustandsänderungen erleidet. Dann könnte aber seine Berechnung der Arbeit in Konzentrationsströmen höchstens eine annähernde empirische Geltung beanspruchen und nicht, wie er will, eine streng theoretische.

Denn die molekulare elektrochemische Arbeit in der Konzentrationskette ist der Zeit proportional und kann somit in die unter sich gleichen Arbeiten der einzelnen Zeitelemente zerlegt werden; dasselbe müsste daher auch bei der äusseren Arbeit des Verdampfungsprozesses statthaft sein, wenn diese der theoretisch genaue Ausdruck jener sein soll. Man müsste also annehmen können, dass die einzelnen nacheinander verdampfenden d w jedes den ganzen dreiteiligen Verdampfungsprozess durchlaufen, sodass eine stetige Folge solcher Prozesse entstände, ebenso wie die elektrochemischen

Arbeiten der einzelnen Zeitelemente aufeinander folgen. Das ist aber nach dem Vorstehenden nicht möglich.

Ob nun den Formeln von Helmholtz auch nur eine empirische Geltung zukommt, das lässt sich nicht entscheiden, da die von ihm angestellten Versuche, wie an dem betreffenden Orte gezeigt wurde, ganz unzulänglich sind. Es kommt hier auch nicht auf empirische Formeln, sondern auf energetische Gesetze an.

Ferner ist die molekulare elektrochemische Arbeit in der Konzentrationskette vom Wege unabhängig, die äussere Arbeit des Verdampfungsprozesses von ihm abhängig: weshalb soll nun gerade auf dem von Helmholtz für die letztere angenommenen Wege die Gleichheit beider Arbeiten erreicht werden? Warum muss mit Rücksicht auf dieses Ziel gerade im ersten und dritten Teile des Prozesses der Druck und während dessen ganzer Dauer die Temperatur konstant sein? Wenn die molekulare elektrochemische Arbeit bei konstanter Temperatur stattfindet, so folgt doch noch nicht, dass eine ihr gleiche äussere Arbeit auch bei konstanter Temperatur zu erhalten ist, und es liessen sich doch auch Verdampfungsprozesse ersinnen, die auf ganz anderen Wegen zwischen denselben Grenzen verlaufen.

Die Antwort hierauf bleibt Helmholtz vollständig schuldig.

Ebenso erfahren wir nichts über den folgenden, sehr wesentlichen Punkt.

Bei der Verdampfung des Wassers wird erstens eine molekulare Arbeit geleistet, deren Maass die Verdampfungswärme giebt, die eine Funktion der Temperatur ist, und zweitens eine äussere, die darin besteht, dass der Dampf bei seiner Ausdehnung einen Druck hebt. Helmholtz zieht nun für seine Formeln nur die äussere Arbeit bei der Verdampfung in Betracht, die sehr viel grössere molekulare lässt er ganz unberücksichtigt. Wenn aber die Arbeit bei der Konzentrationsänderung einer Salzlösung durch die Arbeit gemessen werden soll, die zu leisten ist, wenn Wasser verdampft, und der Dampf von der Salzlösung absorbirt wird: warum wird von dieser Rechnung das Arbeitsäquivalent der Verdampfungswärme ausgeschlossen?

Die Gleichung, die Helmholtz zwischen der molekularen elektrochemischen Arbeit in der Konzentrationskette und der Arbeit eines Verdampfungsprozesses annimmt, ist also wiederum ganz willkürlich ohne jede Begründung ihrer Voraussetzung und ohne jede Prüfung ihrer Möglichkeit hingestellt.

Bezüglich der weiteren gegen seine einzelnen Formeln zu erhebenden Einwände kann auf den betreffenden Abschnitt der vorstehenden Schrift verwiesen werden.

Gedruckt bei Imberg & Lefson in Berlin SW.